KB057288

Fig. 56
Fig. 59
Fig. 57
Fig. 60
Fig.

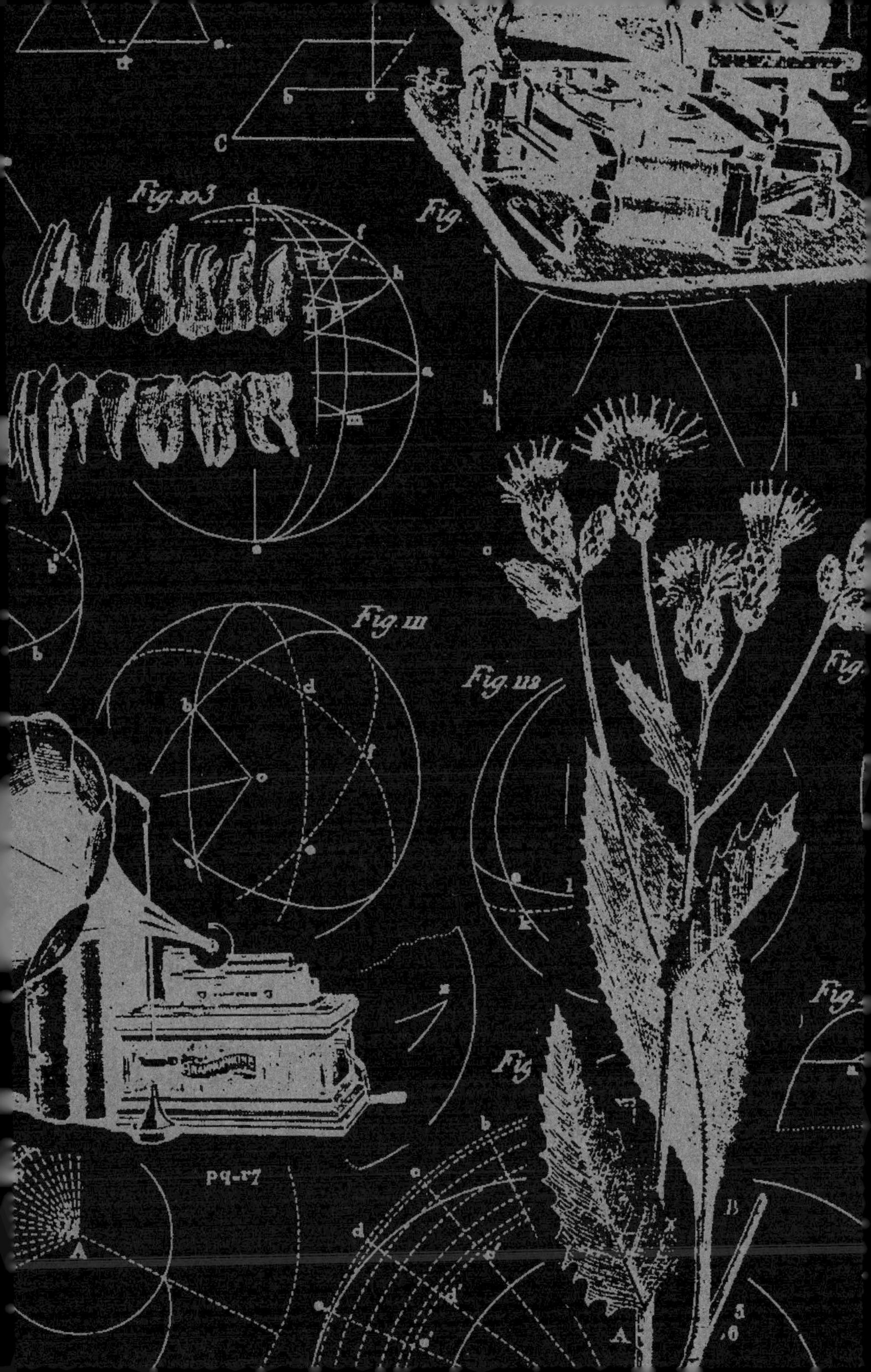
Fig.103
pq-r7

인류학의 어머니
*미드

인류학의 어머니 *미드

조앤 마크 지음 ● 강윤재 옮김

바다출판사

차례

를 함께 할 포춘을 만났고, 결국 그와 결혼하여 뉴기니로 떠난다. 그리고 그곳에서 어린이들이 성장하면서 사회의 지배적인 가치를 배워가는 과정을 관찰했다. 뉴기니에서 돌아왔을 때 미드는 사모아에 대해 썼던 첫번째 저서인 『사모아에서 어른이 되다』로 유명인사가 되어 있었다. 그녀는 대중 강연에서도 명강사로서 이름을 날리기 시작했고, 두 번째 현장 연구에 대한 보고서격인 『뉴기니에서 성장하다』도 펴냈다. 이 모든 일이 미드가 서른 살도 되기 전에 이루어 낸 일이었다.

3 뉴기니의 남성과 여성 77

1931년에 미드와 포춘은 다시 뉴기니를 향해 떠났다. 이번에 그녀가 연구하고자 하는 것은 남성과 여성의 성적인 차이였다. 미드는 먼저 뉴기니의 산 속에 사는 아라페쉬족을 연구했다. 그런데 이들은 매우 단순한 문화를 지닌 가난한 부족으로 미드의 눈에는 이들이 아무것도 하지 않는 것처럼 보일 때가 많았다. 그래서 미드와 포춘은 그들에게서 사실을 발견할 수 없다고 판단하고 아라페쉬족을 떠나 문두구모어족의 부락에 잠시 머물다가 캠프를 정리했다. 그리고 영국 출신의 인류학자인 뱃슨의 도움을 받아 챔불리족의 마을에 새로운 캠프를 차렸다. 그리고 마침내 서구 문명과는 정반대되는 성 역할이 형성되는 모습을 그들에게서 발견했다. 이때 함께 챔불리족을 연구하게 된 미드, 포춘, 뱃슨 세 사람은 자주 모여 자신들의 연구결과를 주제삼아 토론했다. 이후 미드는 포춘과 이혼하고 뱃슨과 세 번째 결혼을 했다.

드는 전쟁정보사무국의 명령으로 영국으로 건너갔다. 그리고 그곳에서 미국과 영국의 문화적 차이를 연구했다. 그녀가 연구를 마치고 돌아왔을 때는 뱃슨이 아시아로 연구 여행을 떠난 직후였다. 미드와 뱃슨 두 사람은 각자의 일 때문에 오랫동안 별거를 하게 되었고, 결국 이혼했다. 전쟁이 끝나자 미드는 베네딕트와 함께 동시대의 문화연구를 시작했다. 이 연구는 미드가 1930년대부터 해왔던 "문화와 기질"이라는 인류학의 새로운 분야가 되었다.

6 은퇴하고 싶지 않은 유명인사 139

미드는 1949년에 출간한 『남성과 여성』에서 남성과 여성의 서로 다른 기질 중에서 선천적인 부분과 문화를 통해 습득된 부분들을 구분하려고 했다. 그리고 자신이 현장연구를 했던 여러 섬들이 제2차 세계대전을 겪으면서 급격히 변화하는 모습을 직접 찾아가 확인했다. 미드는 그들을 보고 문화에 있어서 돌발적인 급격한 변화는 느린 변화보다 쉽게 일어난다고 결론을 내렸다. 그 후 미드는 국립과학아카데미 회원으로 선출되었고, 미국과학진흥협회의 회장이 되었다. 이처럼 나이를 잊은 듯이 활발하게 활동하던 미드도 말년에는 거의 듣지 못했고, 췌장암이라는 불치의 병과 싸워야 했다. 그리고 『세계 연감』이 자신을 가장 영향력이 큰 25명의 여성 중 한 명으로 지목하던 날에 일흔일곱 해의 열정적인 생을 마쳤다.

미드는 인류학에 심리학의

개념을 적용하는 데 성공했고,

여성과 어린이를 연구하거나 현장연구를 하는 데

뛰어난 기량을 보였다.

무엇보다 그녀는 인류학의 가장 훌륭한 홍보대사였고,

수많은 책과 논문, 에세이를 통해

대중들을 인류학 곁으로 불러모았다.

현관에 앉아 있는 미드의 눈으로 저 멀리까지 뻗어 있는 뉴기니의 세픽 강이 들어왔다. 그녀의 집은 강의 진흙바닥에 박아 놓은 나무기둥 위에 지어져 있었다. 그래서 간혹 지나가던 악어가 기둥을 들이받을 때에는 집 전체가 요동을 치면서 식탁 위의 컵이 바닥으로 떨어지곤 했다. 심지어는 프라이팬이 마룻바닥의 나무 틈새로 빠져나가 강물 속으로 사라져 버리는 경우도 있었다. 악어, 전갈, 독사들도 끔찍했지만, 강 위에서 흔들리는 집에 산다는 것도 그에 못지않은 골칫거리였다.

이아트멀 사람들은 의약품을 구하거나 담배를 사려고, 아니면 별 이유 없이 매일 미드의 집을 찾아왔다. 이 날도 마가렛타(이아트멀 사람들은 미드를 그렇게 불렀다)는 이아트멀 사람들을 맞이하고 있었다. 나중에 미드가 '여성 인류학자가 되는 것' 에 관한 수필에서 묘사하고 있듯이 이아트멀 사람들은 옷을 거의 입지 않았지만 멋쟁이처럼 꾸미고 있었다. 그들은 "웃지 않으면 화나서 소리치고 있는, 놀기 좋아하고 무책임하며, 열정적인 사람들이었다." 그녀는 그들과 이아트멀 말로 대화를 나누면서, 항상 그렇듯이 주변에서 일어나는 일들을 빠짐없이 노트에 기록하느라 신경이 곤두서 있었다.

그때 갑자기 저 멀리서 작은 보트가 강둑 위로 끌어올려지는 모습이 보였다. 잠시 후 백인 남자 몇 사람이 배에서 내려 마을로 나 있는 길을 따라 천천히 올라오고 있었다. 그녀는 혹시 아는 사람들이 아닐까 하는 생각이 들었다.

뉴기니

적도를 지나자마자 위치한 커다란 섬으로 인도네시아와 파푸아 뉴기니로 나뉜다. 이 섬의 지형은 저지대의 습지평야와 섬의 동부에서 서부를 가로질러 펼쳐진 높은 산으로 되어 있다. 뉴기니 섬 동반부를 차지하는 파푸아 뉴기니는 수도가 포트모르즈비이고, 영어를 공용어로 사용하고 있다. 이 나라는 남쪽으로 토러스 해협을 사이에 두고 오스트레일리아와 마주한다.

그런데 그 사람들은 종이인형처럼 형체가 불분명해서 사람이 아닐지도 모른다는 느낌을 주었다. 그들은 점점 더 가까이 다가왔고, 미드는 그들의 말인 영어를 사용해야 한다는 생각에 마음속의 스위치를 바꾸려 했다. 그러자 그 순간, 몇 주일을 그녀와 함께 지냈던 이아트멀 사람들이 의식에서 멀어지면서 밋밋하고 형체가 불분명한 종이인형으로 변해 갔다.

미드는 서로 다른 두 가지 문화와 언어 사이를 오가는 현장연구자들에게는 이런 경험이 흔한 것이라고 나중에 회상했다. 그리고 한 문화에 흠뻑 빠져 있는 상태에서 갑작스럽게 다른 문화로 옮겨가는 데는 "거의 육체적 고통"에 가까운 아픔이 따랐다고도 했다.

마가렛 미드는 미국의 인류학자였다. 그녀는 태평양의 외딴 섬에 살고 있는 사람들을 연구하는 데 자신의 삶을 바쳤다. 그녀는 사모아로 갔다. 또한 여러 번에 걸쳐 뉴기니로 가서 서로 떨어져 살고 있는 다섯 부족(마누스, 아라페쉬, 문두구모어, 챔불리, 이아트멀)을 연구했다. 그녀는 발리인들을 연구하기 위해 발리에도 갔다. 그녀가 그런 오지로 간 이유는 서양문명과 거의 접촉이 없었던 사람들의 삶을 연구하고 싶었기 때문이다. 그녀는 누군가에게 조언해 주는 것을 좋아했지만, 원주민들에게는 이래라 저래라 별다른 말을 하지 않았다. 오히려 그들에게서 자신이 속해 있던 사회가 배울 수 있는 점을 찾고자 노력했다.

미국으로 돌아온 미드는 미국인들이 이전에는 결코 의

사모아
남태평양 사모아 제도의 섬들로 구성된 나라이다. 주민의 90퍼센트가 폴리네시아인이며 약 300개로 구성된 마을을 단위로 생활하고 있다. 이처럼 조직화된 촌락사회는 사모아의 인구 · 경제 패턴의 바탕이 되고 있으며 확대 가족으로 구성된 각 세대는 마타이라 불리는 추장이 통솔한다. 공용어로는 영어와 사모아어를 사용한다.
사모아 사람들의 집은 광장을 중심으로 그 둘레에 늘어서 있으며 모두 원형이나 타원형으로 낮은 석단 위에 세워져 있는데, 주로 통나무로 만들어졌다. 교육기관이 널리 보급되어 고등학교까지 설립되어 있고, 일곱 살 이상이 되는 국민의 대다수가 읽고 쓸 수 있다.

1925년에 마가렛 미드가 사모아의 젊은 여인들과 함께 포즈를 취했다. 현장연구를 하는 동안 그녀는 연구 대상을 좀더 잘 이해하기 위해 원주민의 문화 속에 흠뻑 빠져들었다.

심을 품어보지 않았던 것, 즉 그들의 생활방식이 가장 훌륭하다는 믿음에 질문을 던져 보도록 가르쳤다. 그녀는 미국인들이 소중하게 여기는 영역인 가족제도, 성에 대한 태도, 자식을 키우는 방식에서 미국 문화가 차지하고 있는 우월성에 겁 없이 도전했던 것이다.

마가렛 미드는 자신의 처녀작인 『사모아에서 어른이 되다』로 유명해졌다. 1928년에 출간된 그 책은 미드의 저서 중에서 가장 커다란 논쟁을 불러일으킨 책이기도 했다. 또 이 책은 한 해 전에 찰스 린드버그가 이루어 낸 대서양 횡단비행의 성공 못지않게 미국인들의 상상력을 자극했다. 린드버그의 과감한 단독비행은 전세계에 비행기 여행의 가능성을 극적으로 보여 주었다. 그리고 멀리 떨어진 태평양의 섬을 향한 미드의 단독여행은 젊은 여성의 담대함을 보여 주었다. 뿐만 아니라 베스트셀러가 된 사모아에 관한 미드의 책은 자신들만의 고유한 방식으로 삶을 꾸려나가는 많은 부족들의 모습을 보여 주었다. 이 두 모험가들은 세계를 보는 우리의 사고방식을 바꾸어 놓았던 것이다.

찰스 린드버그
(1902~1974)
텍사스 육군비행학교에서 교육을 받고, 1926년에 우편항공기의 조종사가 되었다. 1927년 5월 20~21일에 뉴욕에서 파리 간의 대서양 무착륙 단독비행에 역사상 처음으로 성공했다. 이 일로 오티그 상을 수상했고, 미국의 국민적 영웅이 되었다.
그후 프랑스로 건너가, 생리학자 A.카렐과 협력하여 장기를 몸 밖에서 산 채로 보존하는 '카렐－린드버그 펌프'를 만들기도 했다. 그와 카렐의 공저인 『장기배양』은 이 공동연구를 보고한 것이다.

1 모험의 길로 떠나다

어머니인 에밀리 포그 미드와 함께 있는 마가렛 미드(1905년)

마가렛 미드는 1901년 12월 16일에 미국 펜실베이니아 주 필라델피아에서 태어났다. 그녀의 집은 아버지 에드워드 미드가 경영대학원의 경제학과 교수로 있었던 펜실베이니아대학교의 길 건너편에 있었다.

마가렛 미드가 일 년 내내 필라델피아에서 살았던 것은 아니었다. 8년 동안 미드네 가족은 봄과 가을을 뉴저지 주의 하몬톤에서 지냈다. 그 이유는 어머니인 에밀리 포그 미드가 이탈리아 이민자들이 미국 생활에 적응하는 과정을 알아보기 위해 그곳에서 인터뷰를 진행하고 있었기 때문이다.

자신만의 일을 가진 어머니와 할머니

당시 미드의 어머니는 사회학과 대학원생이었고, 네 명의 아이들을 키우면서 연구를 계속하고 있었다(맏이인 마가렛 외에 남동생 리처드, 여동생 엘리자베스와 프리스킬라가 있었다). 미드는 남성이 자신의 분야에서 경력을 쌓는 것처럼 여성도 자신만의 일을 해야 하며, 여성에게도 일이 매우 중요하다고 생각하는 분위기 속에서 자랐다. 또한 그녀는 어머니로부터 자기 가족과는 다른 방식으로 생활하는 사람들에게 관대하게 대하는 태도를 배웠다. 어머니는 사람들이 살아가는 방식이 서로 다른 이유가 그들의 서로 다른 외모 때문이 아니라 그동안 서로 다른 경험을 쌓으며 살아왔기 때문이라고 설명해 주었다.

어린 시절의 마가렛 미드에게 가장 큰 영향을 끼쳤던 사람은 한집에서 살았던 할머니인 마르타 램지 미드였다. 그녀는 사범대학을 나와서 학교 선생님을 지내다 교장까지 역임한 사람이었다. 할머니는 손녀딸이 시를 암송할 수 있도록 격려를 아끼지 않았으며, 미드에게 산수와 식물학을 가르쳐 주었다. 그리고 항상 맡은 일은 최선을 다하여 끝내야 하고, 엄마가 없을 때는 동생들을 잘 돌봐 주어야 한다는 것을 강조했다. 할머니는 마치 미드가 어른이라도 된 것처럼 그녀를 믿어 주었다. 미드는 그런 할머니를 진정으로 사랑했고, 존경했다. 나중에 그녀는 할머니를 제3세대 전문직 여성이라고 했다. "내가 여성이라는 사실에 편안함을 느낄 수 있도록 해주신 분은 바로 할머니였다."

학교 밖에서 더 많은 것을 배우는 아이

말 많은 아이였던 미드는 주변에 있는 모든 것들에 관심을 가졌고, 가족과 관련된 일이라면 하나도 빼놓지 않고 알고자 했다. 어느 날 키우고 있던 닭 중에 한 마리가 저녁 식탁에 올라오자 그녀는 눈물을 뚝뚝 흘렸다. 그런데 그녀는 닭이 죽었기 때문에 슬퍼서 우는 것이 아니었다. 그녀가 운 이유는 식구들 중 아무도 그녀에게 닭을 잡는다는 사실을 미리 말해주지 않았기 때문이었다.

미드가 열 살이 되던 해에 그녀의 아버지는 대학 분교의 설립과 관련된 일을 맡고 있었다. 그래서 미드 가족은 펜실베이니아 지역에 있는 몇 개의 중소도시를 돌아다니며 생활해야 했다. 미드는 그때 일을 회상하며 자신이 십대였을 때 어림잡아 60번 정도는 이사를 다녔다고 말하기도 했다. 그녀는 이때부터 어디에 가든지 마음을 편하게 가지는 방법을 터득했다. 그것은 대개 낯선 곳에서도 자신만의 공간이라고 주장할 수 있는 다락방과 같은 특별한 장소를 발견하는 것이었다.

고등학교 때까지 미드는 학교에 자주 결석했다. 그 이유는 잦은 이사 때문이기도 했지만, 어머니의 특별한 교육방침 때문이기도 했다. 어머니는 아이들이 하루종일 책상 앞에 앉아 있는 것보다는 그렇지 않을 때 더 많은 것을 배울 수 있다고 믿는 사람이었다. 그래서 자녀들을 학교에 보내는 대신 그 지역에 있는 전문가를 불러서 아이들에게 전문적인 기술을 가르치도록 했다. 미드는 이들에게 빵 굽기, 그림 그리기, 목공술 등을 배웠다. 그리고 학교에서 배우는 과목들은 집에서 주로 할머니에게 배웠다.

페미니즘에 대한 반감

미드가 아버지로부터 배운 것은 진실에 대한 사랑과 세계의 지식창고에 무언가를 보태는 것이야말로 사람이 할 수 있는 가장 중요한 일이라는 믿음이었다. 그리고 어머니로부터는 다른 사람들에 대한 관심을 배웠다. 그녀는 부모님을 존경하면서도 부모님처럼 되지는 않겠다고 마음먹곤 했다. 그녀가 보기에 아버지는 고집불통에다 권위적이었으며, 아이들의 기분 따위에는 관심이 없었다. 아버지가 어린 미드의 신발을 신겨 준 것은 그녀의 남동생이 태어나던 날 아침에 단 한 번이었다. 그런데 그때도 그녀의 신발은 좌우가 뒤바뀌어 있었다.

어머니는 착하고 지칠 줄 모르는 일꾼이자 페미니스트였지만, 유머와는 거리가 먼 재미없는 사람이었다. 그리고 너무 실용적인 사람이라서 몸치장과는 담을 쌓고 있었다. 그녀는 여성의 투표권 획득과 여성의 권익신장에 열성이었기 때문에 자기 딸에게도 나무를 오르는 데 편리한 짧은 바지(무릎까지 올라오는 넓고 헐렁한 바지)를 주로 입혔다. 그렇지만 미드는 나무 오르는 일에는 별로 관심이 없었다. 오히려 예쁜 드레스를 입고 모자 쓰는 것을 좋아했다. 그런 어머니에 대한 반감 때문인지 미드는 더욱 여성스러움을 추구하였고, 나이가 들어서도 페미니즘에 대해서는 계속 회의적인 입장을 취했다. 그녀는 어머니가 자신의 운명(선택의 여지없이 미르의 운명이기도 한)에 불만을 품었던 "고통받는 페미니스트"라고 느꼈다.

애정에 목마른 소녀와 종교의 위안

미드의 부모는 모두 애정 표현에 서툴렀다. 그래서 그런지 어린 미드의 눈에는 어머니와 아버지가 동생들을 더 좋아하는 것처럼 보였다. 아마도 동생들이 맏이보다는 부모

의 말을 잘 들었을 것이다. 이처럼 미드는 할머니만이 유일하게 채워주던 어린 시절의 공허한 느낌 때문에 평생 동안 감동적인 애정에 목말라하는 모습을 보여 주었다. 나중에 그녀는 동료들(남성이든 여성이든)과의 관계를 자주 연인 관계로 발전시켰다.

부모들은 교회에 다니지 않았지만, 미드는 열한 살이 되었을 때 세례를 받기로 결심했다. 그녀는 펜실베이니아 주 버킹햄에 있는 성공회에 속한 지역교회에 다니기 시작했다. 나중에 그녀는 당시 자신이 뭔가를 믿고자 했던 것이 아니라 자신의 감정을 표현할 수 있는 길을 찾고 있었다고 회상했다. 어쨌든 그녀는 그 이후 평생 동안 특별한 일이 없는 일요일 아침이면 성공회 예배에 참석하기 위해 시간을 비워 두었다. 교회에서 미드는 영국 출신의 목사 딸인 루시아 양(미드는 그녀를 이렇게 불렀다)과 친해졌다. 미드는 생각이 깊고 상냥한 그녀를 무척 따랐다. 그리고 이 다음에 목사의 부인이 되어 집안 가득히 아이들을 키우겠다는 희망을 품었다.

열한 살이 되었을 때 미드는 펜실베이니아 주 버킹햄에 있는 성공회 교인이 되었다. 그녀의 아버지는 딸이 세례를 받기로 한 날 교회까지 데려다 주기로 해놓고도 그 사실을 농담으로 받아들여 미드를 화나게 했다.

비밀리에 치루어진 약혼

미드가 펜실베이니아 주 도일스타운고등학교에서 3학년을 마쳤던 해(그녀가 열여섯 살이 되던 해)였다. 당시 펜실베이니아주립대학 3학년생이었던 스무 살의 루터 크레스만이 도일스타운고등학교의 과학교사이자 형인 조지를 만나러 왔다. 조지와 루터 형제는 미드로부터 저녁식사 초대를 받고 그녀의 집에 놀러왔다.

미드는 그들 형제와 이야기를 나누다가 그들에게는 4형제가 더 있고 아버지는 시골의사이며, 루터는 루터교 목사가 되고 싶어한다는 사실을 알게 되었다. 그 해 여름 내내 그녀는 루터와 편지를 주고받았다. 그리고 가을에는 도일스타운에서 64킬로미터 가량 떨어진 농장에서 살고 있는 그의 가족에게 초대를 받았다.

두 사람은 크리스마스를 즈음하여 비밀리에 약혼을 했다. 미드는 루터가 가지려는 직업이 마음에 들어서 그를 좋아한 것만은 아니었다. 그는 자신의 부모와는 달리 편안하고 정이 넘치며 쾌활한 사람이었다. 두 사람은 미드가 대학을 졸업하고 루터가 사제서품을 받는 4년 후에 결혼을 하기로 약속했다.

루터교
프로테스탄트 교회의 한 교파로 신약과 구약 성서를 신앙과 생활의 절대규범으로 믿으며, 《루터 소교리문답서》를 하나의 교리로 채택한 교파를 말한다. 한국에 루터교가 처음 들어온 것은 1832년이지만 실제로 선교가 이루어지기 시작한 것은 미국의 루터교 미주리의회에서 선교사 3명을 파견한 1958년 1월 이후부터이다.

실망만을 안겨 준 드포우대학교

미드는 어머니가 웰즐리대학을 나왔기 때문에 자신도

당연히 그 대학에 진학할 거라고 생각했다. 그러나 대학에 갈 때가 되자 아버지가 반대하고 나섰다. 아버지는 결혼을 하는 것이 확실한 미드가 대학에 다니는 일은 쓸데없는 낭비일 뿐이라고 주장했다. 미드와 어머니는 아버지의 반대를 조금이라도 누그러뜨리기 위해 그의 근무처인 인디아나 주의 드포우대학교에 미드가 입학하는 것을 협상안으로 제시했다. 결국 그녀는 1919년 가을에 드포우대학교가 있는 서쪽으로 출발했다.

그토록 갈망하던 대학에 입학했지만, 드포우대학교는 미드에게 커다란 실망만을 안겨 주었다. 그녀는 그곳에서 불쌍한 존재에 불과했다. 그녀가 아주 신경써서 차려입은 옷은 다른 애들은 입지 않는 유행에 뒤떨어진 것이었다. 또 지식을 향한 그녀의 열정도 유별난 것으로 눈총을 받았고, 방을 장식하려고 산 찻잔 세트나 그림은 비아냥의 대상이 되었다. 서부의 자유분방함을 기대했던 미드가 드포우대학교에서 발견한 것은 무미건조한 획일성이었다. 그중에서도 최악의 상황은 여학생 단체들 중 어느 한 곳도 그녀에게 가입 권유를 하지 않았다는 것이었다.

드포우대학교에서의 생활을 좌지우지하는 것은 여학생 단체들이었다. 미드는 살면서 처음으로 차별당하고 있다는 느낌을 받았다. 그리고 그런 불공평에 분노하는 자신을 발견했다. 그녀는 만인은 평등하므로 모두 존중받아야 한다는 믿음 속에서 성장한데다가 부모가 모두 학자였기 때문에 자신을 특별한 존재로 여기고 있었던 만큼 차별에서

1920년에 미드(왼쪽)와 캐서린 로젠버거가 드포우대학교에서 벌어진 오월 축제의 야외극에 참석하기 위해 드레스를 멋있게 차려입고 있다.

느끼는 분노는 더욱 컸다. 하지만 아무리 분노를 느낀다 할지라도 어쨌든 그녀는 속물적이고 편협한 체제의 희생자일 뿐이었다.

미드는 다행히도 차별받는 고통 때문에 일방적으로 기가 죽지는 않았다. 그녀는 자신을 거부한 사람들이 후회하도록 만들겠다며, 대학 활동에 열정적으로 뛰어들었다. 그녀는 1학년 기숙사생들을 위한 촌극을 썼고, 여학생들이 매년 거행하는 야외극의 대본을 쓰고 직접 연출을 맡았다. 그녀는 야외극을 위해 1학년용 이동식 무대차를 설계했다. 또한 학생회 선거에서 자신의 친구인 캐서린 로젠버거를 당선시켜 여학생단체에 가입하지 않아도 1학년 부회장으로 당선될 수 있다는 것을 보여 주었다. 그러나 캠퍼스에서 이처럼 명성을 날리고 있음에도 불구하고 그녀는 여전히 드포우대학교에서 차별받는 가엾은 존재에서 벗어나질 못했다. 결국 그 해 말에 미드는 아버지에게 뉴욕에 있는 버나드대학으로 전학할 수 있게 해달라고 졸랐다.

새로운 선택, 버나드대학

미드가 버나드대학을 선택한 데는 몇 가지 이유가 있었다. 우선 뉴욕에서 공부하고 있는 루터 크레스만의 곁에 있고 싶었기 때문이었다. 하지만 더 중요한 것은 재즈의 부흥기인 소위 "광란의 20년대"였던 당시의 뉴욕은 예술적이고 지적인 삶에 있어서 가장 앞서가는 곳이었다. 미드는 가장 흥미진진한 일들이 벌어지는 뉴욕으로 가고 싶었다. 그곳에는 극장도 많을 것이고, 커피점에 앉아 시, 예술 비평, 실험 문학작품들이 실려 있는 동인지를 마음놓고 읽을 수도 있을 터였다. 그리고 미드는 버나드가 여자대학이라는 사실도 마음에 들었다. 드포우대학교에서는 성적이 좋은 여학생들은 그에 따르는 사회적 고통을 감수해야만 했다. 그녀는 당시 이렇게 생각했다고 한다. "여자대학이라고 꺼릴 이유가 있단 말인가. 그곳에서라면 원하는 만큼 열심히 공부할 수 있고, 공부를 잘한다고 해서 남학생들이 나를 미워할까봐 전전긍긍할 필요도 없지 않은가." 미드는 나중에 인류학자가 되어서도 그와 비슷한 이유로 여성들에게 좀더 유리한 연구주제(여성과 어린이들의 생활처럼)를 선택해서 동료 남성학자들과의 경쟁을 피하려 했다.

뉴욕을 휘젓고 다닌 잿통 고양이들

버나드대학은 드포우대학교가 주지 못한 모든 것을 미드에게 주었다. 그리고 미드는 뉴욕에서의 삶 자체를 즐겼다. 그녀는 '잿통 고양이들' 이라고 불렸던 버나드대학 친구들과 함께 대학 밖의 아파트에서 살았다. 그들에게 이런 이름을 붙여준 사람은 버나드대학의 한 교수였다. 그 교수는 미드와 그녀의 친구들이 밤거리를 휘젓고 돌아다니는 잿통 고양이들처럼 보인다고 하면서 뉴욕의 구질구질한 삶을 소재로 삼는 잿통 화가들의 모델로도 손색없을 것이라고 덧붙였다. 잿통 고양이들은 시를 썼고, 극장에 갔고, 심리분석학이라는 새로운 분야에 대한 지그문트 프로이드의 글을 읽었다. 그리고 오월 축제가 벌어지고 있는 어느 날 아침에는 그리니치 빌리지의 데두나 밀레이가 사는 집 문 앞에 꽃바구니를 매달러 갔다. 후다닥 뛰어가는 그들을 본 밀레이가 쫓아와서 누군지 알려달라고 소리쳤고, 그들은 유명한 시인을 만났다는 기쁨에 전율했다.

미드는 친구들 사이에서 신중한 사람으로 통했다. 그녀는 옷뿐 아니라 남자에 대해서는 전혀 신경을 쓰지 않았다. 이것은 그녀에게는 일 주일에 한 번 정도 만나는 약혼자 루터 크레스만이 있기 때문이기도 했다. 그녀는 친구들의 버팀목이 되어 그들의 잘못을 지적해 주거나 고민을 들어 주었고, 남자친구와 만날 장소를 찾아 주기도 했다.

실패한 작가가 되기보다는 학문의 길로

미드는 작가가 되고 싶었기 때문에 처음에는 영문학을 전공했다. 그러나 그녀는 이미 시를 출간한 바 있는 친구 레오니 아담스의 천재적인 번뜩임을 보고서 자신에게는 작가로서의 재능이 없음을 깨달았다. 그녀는 실패한 작가가 되고 싶지는 않았다.

미드는 뭔가 자신이 성공할 수 있는 다른 분야를 찾아야겠다는 생각이 들었다. 부모가 모두 사회과학자였던 그녀는 사회과학이야말로 서로 다른 재능을 지닌 사람들이 각자 나름대로의 기여를 할 수 있는 영역이라고 판단했다. 그래서 전공을 심리학으로 바꾸었는데, 이 선택은 4학년 초에 어떤 한 여성을 만나면서 다시 한번 바뀌게 되었다.

루스 베네딕트는 미드보다 열다섯 살이나 나이가 많았다. 선녀처럼 아름다운 그녀는 수줍음을 잘 탔고, 귀가 약간 잘 들리지 않았다. 그녀는 배서여자대학을 나와서 교사 생활을 하다가 생화학자와 결혼했다. 그 후 자선사업을 했을 뿐 아니라 시와 수필을 취미 삼아 썼고, 춤을 즐겼다. 항상 자신을 만족시킬 뭔가를 찾고 있었던 베네딕트는 1919년에 제1차 세계대전에 반대하는 학자들이 뉴욕에 세운 '사회연구를 위한 새로운 학교'에 개설된 인류학 강의를 듣게 되었다. 그녀는 곧 인류학에 대한 지적 호기심에 휩싸였고, 인류학이야말로 연구할 필요가 있는 분야라고 생각하게 되었다. 그리고 그 다음해 가을에 컬럼비아대학교 인류학과에 대학원생으로 등록했다.

루스 베네딕트는 미드의 가장 절친한 친구이자 동료였다. 그들은 서로의 시는 물론 모든 저작물을 공유했다.

한편, 미드는 자신의 시야를 심리학 너머로 넓혀서 사회학 강의를 들었고, 4학년 때는 인류학 강의도 들었다. 인류학 수업의 담당교수는 프란츠 보아스였고, 루스 베네딕트는 그 수업의 조교였다.

육십대 중반의 키 작은 노인이었던 보아스는 학생들을 무자비하게 공부시키는 것으로 정평이 나 있었다. 독일에서 태어나고 교육받은 그의 뺨에는 대학시절에 생긴 커다란 흉터가 남아 있었다. 그는 인류학의 네 분야(자연인류학, 언어학, 문화인류학, 고고학) 모두에서 전문가였고, 미국에서는 최고의 인류학자로 인정받고 있었다. 그런데 컬럼비아대학교에서 이루어지던 그의 강의에 문제가 생겼다.

프란츠 보아스
(1858~1942)
미국의 문화인류학자로 프로이센에서 출생했다. 처음에는 물리학과 지리학을 공부하였으나 1883~1884년에 북극해의 배핀 섬 원정에 참가하여 에스키모 조사를 한 뒤부터 인류학으로 방향을 바꾸었다. 미국 인류학의 시조라고 일컬어지며, 북아메리카 인디언에 관한 집약적 실지조사를 하여 많은 업적을 올렸다. 역사주의적인 입장을 중시하면서 문화를 통합적 전체로서 고찰했다. 주요 저서로는 『원시인의 마음』(1911), 『인종 · 언어 · 문화』(1940) 등이 있다.

보아스는 제1차 세계대전이 벌어질 때 독일에 반대하는 운동에 참여하기를 거부한 적이 있었다. 그런데 이것이 빌미가 되어 그를 받아들인 미국에 대한 보아스의 충성심이 의심을 받게 되었다. 그리고 그로 인해 컬럼비아대학교의 학부과정에 개설되었던 그의 인류학 수업들이 취소되었던 것이다. 그러나 그는 이 조치에 특별히 신경쓰지 않았다. 그는 컬럼비아와 자매결연을 맺은 버나드에서 계속 학부생들을 가르칠 수 있었기 때문이다. 사실 보아스는 교수나 사업가가 되고자 하는 컬럼비아 학생들보다 그런 욕심이 없는 버나드 학생들이 인류학과 같은 비인기 과목에 좀 더 열린 마음으로 참여한다고 생각하고 있었다.

보아스는 요구가 많은 까다로운 선생이었다. 그래서 미드는 처음에 그를 몹시 두려워했다. 그러나 그녀는 보아스의 조교인 루스 베네딕트와 친해질 수 있었다. 그녀와 베네딕트는 종종 점심을 같이 하거나 자연사박물관으로 현장여행을 함께 가곤 했다. 그녀는 인류학 분야에서 직업을 가질 가능성까지 포함하여 자신의 미래를 베네딕트에게 상의했다. 미드가 자서전에서 회상하듯이 베네딕트는 그녀에게 이렇게 말했다.

"보아스 교수와 내가 제시할 수 있는 것은 아무것도 없어. 하지만 중요한 것은 인류학에는 많은 기회가 있다는 점이지."

감수성이 예민한 미드는 자기 앞에 기회가 주어진다는 말에 흔들렸다. 루스 베네딕트는 인류학을 너무 소중히 여기기 때문에 그것을 천직으로 삼고, 그것에 자신의 삶을 바치기로 한 사람이었다. 그리고 베네딕트가 선택한 길은 미드가 간절히 원하는 길이기도 했다.

프란츠 보아스는 제2차 세계대전이 발발하기 전까지 미국에서 가장 유명한 많은 인류학자들을 가르쳤다. 그의 학생들은 그를 존경하면서도 두려워했다.

프란츠 보아스와 루스 베네딕트가 미드에게 펼쳐 보인 인류학의 전망이란, 인류를 보다 행복하게 해주고 더 나아가 사회집단들 사이에 놓여 있는 선입견을 없애는 것이었다. 다시 말하면 인류학은 사람들로 하여금 다른 사람들을 더 잘 이해할 수 있게 해주고, 보다 합리적으로 살 수 있도록 도와줄 수 있는 학문이었다.

인류학자들은 태평양의 외딴 섬에 있는 원시부족들과 같은 비서구사회를 연구하여 인간의 본성 중에서 보편적인 것(어쩌면 생물학에 의해 형성된)과 단순히 문화적 선택에 따른 결과들(즉 사회마다 독특한 양육법, 성관계 통제법, 기초적인 인간욕구 충족 방법 등)을 분리해 낸다. 그리고 이때 연구대상이 되고 있는 작은 원주민 부락은 인류학자에게는 서구와는 다른 삶의 방식을 연구할 수 있는 실험실과도 같은 곳이 된다. 원주민이라는 용어에는 다소 경멸하는 듯한 느낌이 담겨 있기는 하지만, 인류학자들은 문자를 가지지 않은 민족의 고유한 문화를 간략하게 지칭할 때 이 용어를 가장 많이 사용한다.

인류학자들은 원주민 문화 연구를 통해 기술수준이 낮고 문자가 없는 부족이라도 매우 복잡한 의식, 예술, 구어체, 친척관계를 가지고 있음을 알게 되었다. 제2차 세계대전이 일어날 때까지 인류학은 원주민과 비유럽 사람들의 역사와 풍습에 관심을 가졌던 유일한 학문 분야였다. 그런

루스 베네딕트
(1887 ~1948)
뉴욕 출생으로 1909년에 배서여자대학에서 영문학을 전공하고 어학교사 생활을 하기도 했다. 1919년에 컬럼비아대학교에 입학하여 아메리카 인디언의 민화와 종교를 연구하여 1923년에 박사 학위를 취득했다. 1930년에 컬럼비아대학교의 조교수가 되었고, 1948년에 인류학 교수가 되었다. 주요 저서로 『문화의 유형』(1934), 『민족-과학과 정치성』(1940), 『국화와 칼』(1946) 등이 있다.

Vol. 22, No. 4 October–December, 1920

AMERICAN ANTHROPOLOGIST

NEW SERIES

Organ of The American Anthropological Association, the Anthropological Society of Washington, and the American Ethnological Society of New York

PLINY E. GODDARD, *Editor*

JOHN R. SWANTON } *Associate Editors*
ROBERT H. LOWIE }

CONTENTS

PUBLISHED QUARTERLY FOR THE

AMERICAN ANTHROPOLOGICAL ASSOCIATION

LANCASTER, PA., U. S. A., THE NEW ERA PRINTING COMPANY

Supplied to members of the American Anthropological Association, the Anthropological Society of Washington, and the American Ethnological Society.

Back numbers and single copies may be secured by addressing the Publishers.

Entered at the Post Office at Lancaster, Pennsylvania, as second-class matter, act of Congress of March 3, 189

미드는 인류학에 대한 관심을 가지게 되면서 《미국 인류학자》와 같은 잡지들을 정기적으로 읽었다. 그 잡지의 1920년, 10~12월호에는 미드의 지도교수였던 프란츠 보아스의 논문이 두 편 실려 있었다.

데 원주민의 고유한 풍습들은 급속하게 사라져가고 있었다. 두 번에 걸친 세계대전과 국제무역, 그리고 비행기 여행에 의해 서구 문명이 지구 전체로 확산되고 있었기 때문이다. 따라서 원주민의 다양한 문화들에 대한 연구는 변화의 소용돌이 속에서 그 문화들이 원래의 모습을 잃어버리기 전에 한시가 급하게 이루어져야 했다. 그 중에는 미국 원주민인 인디언 사회를 연구하는 것도 포함되어 있었다.

이처럼 사라져가는 원주민 문화를 연구하려는 노력을 '구조 인류학' 이라 불렀다. 그 당시 인류학자들은 주위 사람들의 심정적인 지지 속에서 미국 원주민의 신화, 의식, 언어가 사라지는 것을 막기 위해 가능한 모든 노력을 기울였다.

보아스와 베네딕트는 지식이 인간의 삶을 개선해 주는 수단이라고 믿는 사람들이었다. 그리고 그들은 미국이 다른 사회로부터 많은 것을 배울 수 있다고 생각했다. 그들은 또 미국 인디언들이 "거칠고" 또는 "게으르다는" 고정관념이나 흑인들에 대한 인종적인 편견, 남부 유럽인들에 대한 이주제한 등이 모두 그들의 문화에 대한 무지에서 비롯된 것이라 믿고 있었다. 그들은 만약 인류학자들이 이질적인 집단들끼리 서로의 역사와 행동 양식을 이해할 수 있도록 도와 준다면 고정관념이나 선입견이 사라질 것이라고 생각했다.

대학 졸업과 결혼

마가렛 미드는 결국 인류학자가 되기로 마음먹었다. 그러나 먼저 그녀는 심리학 학위를 받아야만 했다. 그녀가 선택한 학위논문의 주제는 보아스의 관심영역과 비슷한 것이었다. 그녀는 자신의 어머니가 한때 이탈리아 출신 이주민들을 연구한 적이 있었던 뉴저지 주의 하몬톤으로 갔다. 그리고 그곳에서 이번에는 자신의 연구를 수행했다.

제1차 세계대전 기간 중에 미 육군은 이민자들과 흑인들의 지능을 검사하여 그들의 지능이 다른 미국인들에 비해 떨어진다는 결과를 발표했다. 하지만 미드는 이 결과를 받아들일 수 없었다. 그래서 실험대상자가 미국에 오래 머물고, 집에서 영어를 더 많이 사용한 사람일수록 지능측정 시험에서 더 나은 성적을 얻을 수 있음을 보여 주는 연구를 진행했다. 미 육군은 이탈리아 출신 이주민들의 타고난 지적 능력을 측정했다고 생각했지만, 사실 그들이 측정한 것은 영어 실력이었던 셈이다.

대학을 졸업하고, 미드는 루터 크레스만과 4년 전에 했던 약속에 따라 결혼을 하기로 결심했다. 하지만 그녀의 가족은 반대했다. 할머니는 그녀의 결심이 다른 사람의 시선을 의식한 나머지 의무감에 사로잡혀 하는 행동에 불과하다고 생각했다. 아버지도 사윗감인 루터가 그다지 마음에 들지 않았다. 루터 자신도 두 사람 모두 대학원에서 공부하고 있기 때문에 생활비를 어떻게 마련해야 할지가 염

려스러웠다. 그러나 미드의 결심은 확고했다. 특히 아버지가 미드의 마음을 돌려보려고 세계일주 여행을 제안하자 결혼에 대한 결심을 더욱 굳혔다. 그녀로서는 아버지의 그런 제안이 결코 용납할 수 없는 비열한 행동이라는 생각이 들었다. 1923년 9월 2일에 마가렛 미드와 루터 크레스만은 미드가 10년 전에 세례를 받았던 펜실베이니아 주 버킹햄의 작은 성공회 교회에서 결혼식을 올렸다. 당시 그녀는 스물한 살이었고, 루터는 스물여섯 살이었다.

폴리네시아
오세아니아 동쪽 해역에 분포하는 수천 개 섬들을 가리키는 말이다. 폴리네시아의 육지 면적은 작으나 섬들이 분포하는 해역은 태평양의 거의 반을 차지한다. 폴리네시아의 낮은 섬들은 대부분 산호초이고 높은 섬들의 대부분은 새로운 현무암 화산이다. 폴리네시아의 대부분 섬들이 남동 무역풍의 영향권에 속하여 높은 섬들의 바람받이에는 강수량이 많아 삼림이 무성하고 바람그늘에는 강수량이 적다. 또 바람그늘 쪽에는 비가 거의 오지 않아 사람이 살지 못하는 섬도 적지 않다. 광대한 해역에 흩어져 있는 섬들에 살지만 주민은 모두 폴리네시아인으로서의 동질성을 보이고 있다. 정치적으로는 대체로 미국, 영국, 프랑스에 의해 관할되어 왔다. 하지만 근래에는 사모아, 통가, 투발루 등의 독립국가도 생겨났다.

오지에서의 현장연구를 꿈꾸다

인류학에서 미드가 처음으로 연구하고자 하는 과제는 폴리네시아의 문신 새기기에 대한 자료연구였다. 미드는 박사논문을 쓰기 위해 도서관에서 건축술과 카누 제작에 대한 자료를 끌어 모은 뒤에 이것들을 좀더 일반화시켜 폴리네시아에서의 문화적 안정성에 대한 연구로 확대시켜 나갔다.

한편, 보아스는 현재처럼 대학원생들이 박사논문을 쓰느라 4년에서 6년의 시간을 보내며 장기간에 걸친 박사프로그램을 수행하는 것을 탐탁치 않게 여겼다. 그는 학생들이 자신에게서 인류학의 문제들을 다룰 수 있는 방법을 충분히 배우는 것이 그 무엇보다도 중요하다고 생각했다. 그리고 그런 다음에 학생들이 석사나 박사학위를 가지고 직업과 관련된 경력을 쌓기를 원했다. 이때 직업과 관련된 경력이란 직업을 찾는 것과 현장연구를 수행하는 것(장기간에 걸쳐 연구대상이 되는 사람들과 함께 사는 것) 모두를 의미했다.

처음에 미드는 보아스와 베네딕트를 포함한 많은 인류학자들이 했던 것처럼 자신도 당연히 미국 인디언들 속에서 현장연구를 해야겠다고 생각했다. 그러나 1924년에 토론토에서 열린 영국 과학진흥협회의 모임에 참석하면서 생각이 변했다. 그녀는 그 회의에서 이전에 아무도 연구한 적이 없었던 오지의 사람들을 연구하고 있는 인류학자들을 만났다. 그들이 "내 사람들이 이렇게 저렇게 했다"는 식으로 "내 사람들"에 대한 이야기를 할 때면 아무도 그들의 말에 이의를 달 수 없었다. 왜냐하면 그들이 말하는 오지의 사람들에 대해서는 아무도 아는 바가 없었기 때문이었다. 미드도 바로 그런 연구가 하고 싶었다. 그녀는 자신만의 사람들을 원했던 것이다. 그리고 서구문명의 충격이 이제 막 느껴지기 시작하는 곳에서 전통적인 사회가 어떻게 변하는지를 연구하고 싶었다.

보아스의 반대에도 꺾이지 않는 미드의 고집

보아스는 미드의 새로운 결심에 반대했다. 그는 무엇보다 미드가 집에서 그렇게 먼 곳까지 혼자 가기에는 너무 어리다고 걱정했다. 또 그녀의 건강도 걱정했다. 미드는 쉽게 흥분했고, 그럴 때면 종종 몸이 아프거나 심각한 근육통에 시달렸기 때문이다. 게다가 오지에서 이루어지는 연구는 매우 위험했다. 보아스는 이미 여러 명의 인류학자들이 아프리카와 남태평양에서 현장연구를 수행하다가 죽거나 살해당했다는 소식을 들은 바 있었다. 그래서 그는 미드를 붙잡아 놓고, 그렇게 죽은 사람들의 이름을 일일이 열거하기도 했다.

보아스에게는 미드를 염두에 두고 구상중인 연구계획이 있었다. 그것은 심리학자 스탠리 홀에 의해 제시된 당시의 최신 이론을 시험해보는 것이었다. 홀은 청소년기야말로 피할 수 없는 인생의 격정기로서, 그때가 되면 어린이들이 부모에 반항하고 자신의 독립성을 내세우려 한다고 주장했다. 보아스는 그 주장에 의심을 품었다. 청소년들이 유년기에서 성년기로 원활하게 이행하는 것을 돕기 위한 방법들을 마련해 두고 있는 문화들이 있었기 때문이다. 예를 들어 몇몇 미국 인디언 부족들은 청소년들이 사춘기에 다다랐을 때 그들을 위해 특별한 의식을 거행했다. 또 그 부족의 청소년들은 "시각 탐험"과 같은 수련기간을 거쳤다. 그 기간 동안에 청소년들은 음식과 물도 없이 혼자서 여러 날을 숲 속에서 지내며 자신의 영적 인도자가 될 수 있는 동물의 시각을 찾아다녔다. 아마도 그런 의식들은 청소년들이 성년으로 쉽게 이행하는 데 도움이 되었을 것이다. 보아스는 미드가 바로 그런 인디언들 속에서의 청소년 문제를 연구했으면 하고 바랐던 것이다.

그러나 미드의 결심은 흔들리지 않았다. 사실 미국 인디언 사회에 대한 연구는 너무 흔한 것이었다. 그래서 당시 유행하던 농담 중에는 보호구역 내의 인디언 가족은 아버지, 어머니, 두 명의 자식들 그리고 인류학자로 구성되었다는 말도 있었다. 그래서 그녀는 다른 인류학자들이 가본 적이 없는 곳에 가보고 싶었다. 그녀는 멀리 떨어진 곳에 있는 자신만의 사람들을 원했다. 그리고 더 이상 존재하지 않는 생활방식에 대한 노인들의 기억을 받아 적는 것이 아니라 현재에도 지속되는 생활방식을 찾아 나서고 싶었다.

아버지가 뻗은 도움의 손길

예기치 않게 미드의 아버지가 그녀를 구하러 왔다. 그는 자신의 가족에게 명령하는 것을 좋아하는 권위적인 아버지였다. 그래서 보아스 교수를 비롯하여 어느 누구라도 자기 딸의 앞날에 대해 이러쿵저러쿵 말하는 것을 탐탁치 않게 여기고 있었다. 미드의 아버지는 만약 딸이 남태평양으로 가고 싶어한다면 그곳까지의 여행경비를 자신이 대겠노라고 말하며 보아스 교수를 설득했다.

미드는 처음에 프랑스령 폴리네시아에 소속된 외딴 투아모투 제도를 택했다. 하지만 보아스는 최소한 몇 주일마다 배가 정기적으로 운항하는 섬을 선택해야 한다고 주장했다. 그래서 그녀는 남태평양에 있는 미국령 사모아로 행선지를 바꾸었다. 그곳에는 미해군의 기지가 있었는데, 이 기지의 해군 장성이자 외과 의사가 시아버지의 친구였다. 사실 이것도 미드가 사모아 섬을 선택하게 된 이유였다. 아무

래도 그의 도움을 받을 수 있을 것 같았기 때문이다.

자기 딸을 책임지겠다고 나선 아버지 덕에 보아스와 미드는 타협할 수 있었다. 그녀는 청소년기의 소녀들을 연구하는 데는 동의했지만, 그 연구를 인디언 사회가 아닌 사모아에서 하겠다고 주장했다. 한편, 그녀의 남편인 루터는 유럽에서 1년 동안 공부를 할 예정이었다.

미드는 겨우겨우 흥분을 누르며 짐을 꾸렸다. 그녀는 여섯 벌의 면 드레스, 여분의 안경 한 벌, 카메라, 운반용 타자기, 여섯 권의 두꺼운 노트, 돈과 중요한 논문들을 넣어둘 작은 금속상자 등을 챙겼다. 하지만 나중에 그녀는 자신의 준비물이 얼마나 부실하고 형편없었는지를 알게 되었다. 게다가 현장연구 방법에 대해 그녀가 받은 훈련은 보아스와 함께 한 30분이 전부였다. 그는 그녀에게 조급하게 굴지 말고 시간을 버리는 듯한 태도로 주변에 앉아 들으려고 노력해야 한다고 말했다. 그리고 문화 전체를 연구하려고 애쓰지 말고, 자신의 연구영역에만 집중해야 한다고 충고했다. 보아스에게 배운 이론을 소화해서 현장연구에 활용하는 것은 이제 전적으로 그녀의 몫으로 남겨졌다.

사모아를 향해 떠나다

어느 누구도 직접 가르쳐 주지 않았지만, 미드는 보아스와 베네딕트, 그리고 어머니에게서 인류학자의 '기초 작업 원리들'이라고 불렸던 것들을 스스로 터득하고 있었다.

1949년에 출간된 『남성과 여성』에서 그녀는 현장연구를 하는 인류학자에 대하여 이렇게 말하고 있다. "인류학자는 연구대상으로 삼고 있는 사람들을 자기 자신보다 우월하지도 열등하지도 않은 동등한 인간으로 본다. 그리고 그들의 생활방식을 완벽하게 이해하기 위해 최선을 다하며, 그들의 살아 움직이는 생활방식이 인간을 다룬 학문에 소중하게 기여할 것이라고 믿는다. 그래서 가능하면 그들의 삶의 방식을 손상시키지 않고 그대로 두려고 노력한다."

이것은 곧 인류학자로서 그녀의 윤리법전이었다.

1925년 늦여름에 미드의 가족은 미드 부부의 환송회를 열어 주기 위해 펜실베이니아의 집에서 모였다. 환송회가 끝나자 미드는 샌프란시스코행 기차를 탔다. 그곳에서 그녀는 배를 타고 하와이로 가서, 다른 배로 갈아탄 다음 사모아로 향하게 될 것이다. 그녀는 이제껏 시카고 서쪽으로는 가본 적이 없었고, 혼자 호텔에 머물러 본 적도 없었다. 마침내 그녀를 태운 기차가 역을 뒤로 하고 떠나기 시작했다. 그러자 그녀의 아버지는 딸의 용기에 놀라 작게 중얼거렸다. "돌아올 것 같지가 않군."

사모아로 떠나기 전날, 스물네 살의 인류학자 미드는 흥분을 감출 수 없었다. 그녀는 사모아의 청소년들을 연구하려고 준비하고 있었다.

인류학의 네 분야

인류학(인류에 대한 연구)에 대한 정의는 나라마다 다르다. 미국을 비롯한 일부 지역에서는 인류학을 보통 다음의 네 분야로 나눈다.

1. 자연 또는 생물인류학 : 이 분야는 인간종의 진화, 인간과 자연환경의 관계, 인체의 변이, 인간유전학 등을 포함하여 인류를 생물학적으로 연구한다.

2. 언어학 : 이 분야는 언어와 언어 사이의 관련성을 연구한다. 인류학자들은 대개 남겨진 역사적 기록이 아니라 현재 살아 있는 사람들이 사용하는 말을 연구대상으로 삼는다.

3. 문화 또는 사회인류학 : 가끔 그냥 인류학 또는 민족학이라고도 불린다. 이 분야는 사회조직의 형태와 자연세계에 대한 지배기술을 포함하여, 가족에서 공동체생활에 이르기까지 모든 학습된 인간의 행동양식을 연구대상으로 삼고 있다.

4. 고고학 : 이 분야는 화석, 인공물, 무덤, 유적, 거주지 등을 포함한 자연유물에 기초해서 오래 전에 번성했던 사회들을 연구한다.

인류학에서 가장 잘 알려진 분야는 고고학일 것이다. 위의 사진은 1972년에 일리노이 주 워싱턴 파크에 있는 미국 원주민들의 쓰레기터를 발굴하고 있는 것이다. 이 발굴작업 결과 1000년 전에는 그곳에서 위대한 문화가 번성했음을 알 수 있었다.

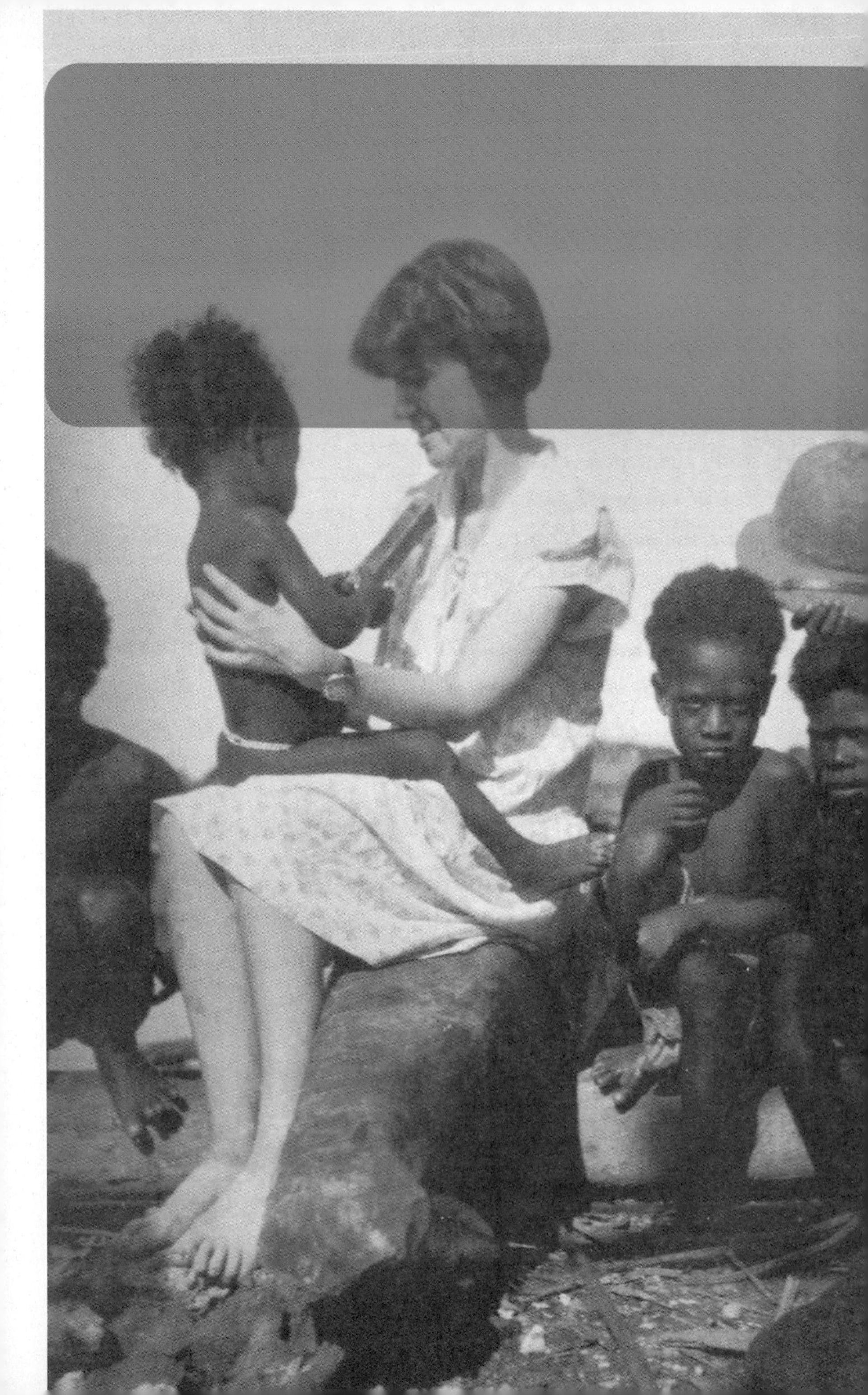

인류학을 대중들 곁으로

2

1928년에 미드가 뉴기니의 마누스 섬에 있는 페리 마을에서 폰키아우, 보팔, 트초칼과 함께 놀고 있다.
이 사진은 그녀의 두 번째 현장연구에서 찍은 것이다.

1925년 8월 31일에 미드는 미국령 사모아에 도착했다. 사모아는 남태평양에 있는 14개의 섬들로 이루어진 군도로 낯선 방문자들에게 친절한 곳이었다. 군도 중 7개가 1901년에 미국으로 합병되었다. 미드가 사모아에 있는 동안 미국 함대가 그곳을 방문했고, 그녀는 제독의 초대를 받았다. 이로 인해 그녀는 사모아 사람들에게 극진한 대접을 받았다. 그들은 그녀가 책을 쓰고 있다는 것을 알고는 그녀를 적극적으로 도왔다.

예의바른 사모아 지도층의 삶

사모아는 미드가 원했던 것처럼 원시적인 곳은 아니었다. 조합교회의 선교사들이 100년보다 훨씬 이전부터 그곳에서 활동해오고 있었고, 모든 마을에는 선교사들이 운영하는 교회와 학교가 있었다. 사람들은 예전처럼 나무껍질로 된 전통의상보다는 면으로 된 옷을 입고 있었다. 하지만 다행히 생활방식에서는 거의 변한 것이 없었다.

사모아 사람들은 영어를 사용하지 않았다. 그들은 산호조각으로 마루를 깔았고, 대부분은 접혀져 있는 차양을 갖춘 벌집 모양의 집에서 살고 있었다. 또 주로 어업과 단순농업으로 생계를 꾸렸고, 대부분을 자급자족했다.

미드는 미국령 사모아의 수도인 파고파고에서 6주일 동안 머무르면서 그 지역 양성소에서 사모아 말을 배웠다. 식사는 손님이라곤 그녀 혼자인 작은 호텔에서 했다. 요리

사는 파파야, 바나나, 타로(남태평양에서 주로 나는 토란의 일종)와 같은 특산물로 음식을 준비했고, 사모아 말을 배우려는 그녀의 노력을 칭찬했다.

파고파고 다음으로 그녀는 근처에 있는 바이토기 마을로 갔는데, 그 곳에서는 추장의 손님으로 열흘 정도를 지냈다. 추장과 그 부인은 미드를 융숭하게 대접했다. 그녀는 20수로 촘촘하게 짜진 매트가 깔린 침대에서 담요를 덮고 잤고, 근처 마을에서 가져온 커피, 차, 빵과 함께 맛있는 닭고기, 물고기 그리고 과일을 대접받았다. 그들은 그녀에게 사모아의 지위 높은 사람들 사이에 사용되는 고급 언어와 행동양식 및 복잡한 선물주기 절차를 가르쳐 주었다. 그들이 가르쳐 준 예절에는 자신보다 높은 지위를 가진 사람을 지나칠 때면 두 번 절을 하는 것도 포함되어 있었다. 이처럼 사모아 지도층들의 생활은 대부분이 윗사람을 깍듯이 모시는 데 중점을 두고 있어서 미드가 배우기에는 너무 힘들었다. 그리고 그녀가 연구대상으로 삼고자 하는 보통 사람들의 삶과 너무 동떨어져 있다는 느낌이 들었다.

사모아의 보통 사람들을 찾아서

그 해 11월에 미드는 파고파고에서 동쪽으로 16킬로미터쯤 떨어져 있는 외딴섬 타우로 이동했다. 그녀가 그곳을 선택한 이유는 연구대상으로 삼고자 하는 젊은이들이 많

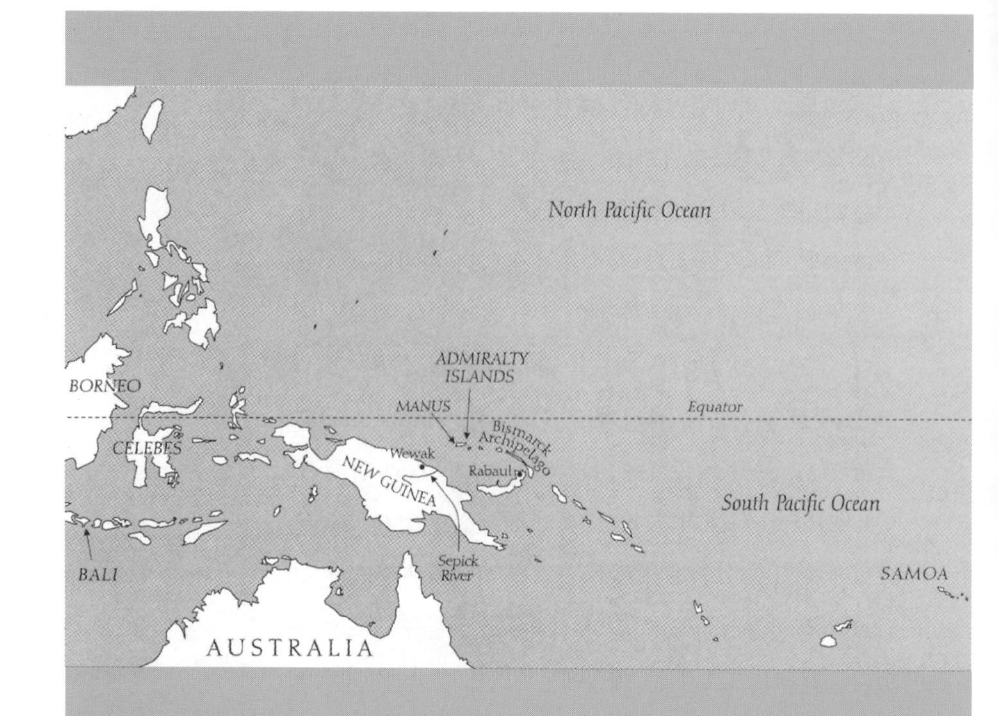

미드는 남태평양 전역을 돌아다니며 현장연구를 수행했다. 처음에는 사모아로, 그 후에는 애드미럴티 제도에 위치한 마누스 섬으로, 그리고 뉴기니에 위치한 몇몇 섬들을 거쳐 발리로 갔다.

은데다가 미국의 영향에서 벗어날 정도로 충분히 외진 곳이었기 때문이었다. 그녀가 타우에 가보니 또 다른 이점이 있었다. 그것은 그 섬에서 보건소를 운영하고 있는 미국 해군장교 에드워드 홀트의 가족과 함께 살 수 있게 된 것이다. 만약 그녀가 사모아인 가족과 함께 살았다면, 칸막이도 없는 방에서 다섯 또는 여섯 명의 사람들과 함께 지내야만 했을 것이다. 사모아 사람들의 집 안에서는 돼지와 닭들이 뛰어다녔고, 마룻바닥 외에는 앉을 곳도 없었다. 하지만 미드는 홀트의 가족과 함께 지내면서 외로움을 덜 수도 있었고, 미국 음식을 먹을 수도 있었다. "나는 원주민 음식을 먹을 수는 있지만, 6개월 동안 그것만을 먹으면서 살 수는 없습니다." 보아스 교수에게 보낸 편지에서 그녀가 한 말이다. 이어서 미드는 이런 불평도 했다. "이 지방 음식은 너무 퍽퍽해요." 타우는 외딴 섬이었지만, 정부의 증기선이 3주마다 그곳에 들렀기 때문에 그녀는 편지를 주고받고, 물자를 공급받을 수 있었다.

타우는 폭이 13킬로미터이고 너비가 18킬로미터 정도인 섬이다. 이 섬에는 홀트가 살고 있는 마을을 포함하여 세 개의 작은 마을들이 서로 1킬로미터가 채 안 되는 거리에 몰려 있었다. 네 번째 마을은 이들 세 마을로부터 약 13킬로미터나 떨어져 있었고 길고 힘든 오솔길을 지나야만 도달할 수 있는 곳에 위치해 있었다. 섬 전체 주민의 수는 1000명 정도였다.

홀트는 보건소의 절반을 대나무 차양으로 대충 가려서 뒷문쪽을 미드의 방으로 사용할 수 있도록 해 주었다. 얼마 지나지 않아 그 지역의 어린이들은 보건소 앞문으로 몰려들고는 차양을 통해 안을 들여다보며 그녀의 행동을 살폈다. 그리고 그녀의 소유물을 구경하며 소근거렸다. 그녀에게 호기심을 느끼고 있는 다른 사모아인들도 찾아왔다. 저녁이 되면 미드는 대나무 차양을 끌어올린 후, 책상과 의자들을 옆으로 밀어 내 사모아의 10대들이 기타와 우쿨렐레(기타와 비슷한 하와이의 현악기)에 맞춰 춤을 출 수 있는 공간을 마련했다. 미드를 만나러 온 사모아의 구경꾼들은 그녀의 방 벽에 걸려 있는 사진들에 매료되었다. 그 중에서도 엄한 표정을 짓고 있는 보아스 교수의 사진은 특별한 관심의 대상이었다.

타우의 각 마을마다 대략 30~40가구가 있었다. 일부는 아버지와 어머니, 그리고 그들의 자녀들로 이루어진 핵가족 형태를 띠고 있었고, 또 다른 일부는 15명에서 20명으로 이루어진 대가족 형태를 띠고 있었다. 그리고 대가족의 구성원들은 대부분 남성 또는 여성 가장의 친척들이었다. 미드는 타우 섬에 살고 있는 열 살에서 스무 살 사이의 소녀 50명을 집중 연구대상으로 삼았다.

미드는 젊었고 몸집이 작았기 때문에(키는 약 156센티미터, 몸무게는 약 44킬로그램이었다) 연구대상으로 삼고자 했

사모아 타우 섬의 보건소에 있었던 미드의 방 그녀의 방은 보건소 뒷문쪽 절반을 차지했다. 이 보건소는 1926년 새해 첫날에 타우를 강타한 허리케인에서 살아남은 몇 안 되는 건물이었다.

던 젊은 여성들과 쉽게 친해질 수 있었다. 그러나 곧 사모아 여성들의 삶 전체를 자세히 알지 않고서는 이들 젊은 여성들을 이해하기가 쉽지 않다는 사실을 깨달았다. 그래서 그녀는 아이들, 소녀들 그리고 성년이 된 여성들에 대한 관찰도 병행했고, 이들이 태어날 때나 결혼식을 올릴 때 벌어지는 의식과 관습들을 기록했다. 또 공동체 내에서 소녀들의 위치와 그들의 행동을 지배하는 행위코드를 주의 깊게 살폈다.

이웃처럼, 친구처럼

평판이 좋은 사모아 미혼 여성들에게는 보호자들이 따라다니게 마련이었다. 사모아에는 미드가 결혼했다는 것을 아는 사람이 거의 없었기 때문에 그곳 사람들은 당연히 그녀에게도 보호자가 필요하다고 생각했다. 그 지역의 사제는 미드의 보호자이자 동료로 기독교 소녀인 펠로피아니아를 보내 주었다.

펠로피아니아는 매일 아침 여덟 시 정각에 나타났고, 미드가 세 시간 동안 마을에 있는 가정을 방문하는 데 동행하여 그 가족의 역사와 친인척 관계를 추적하는 것을 도와주었다. 11시가 되면 오전 작업이 끝났다. 점심은 정오에 먹었고, 그 후 두 시간 동안은 열대지방의 뜨거운 햇빛을 피해 마을 사람 모두가 휴식에 들어갔기 때문에 마을은 정적 속으로 빠져들었다. 저녁은 5시에 먹었고, 그 후에는

미드가 이 모녀를 찍은 것은 1925~1926년의 사모아 방문 때였다. 미드는 사모아 소녀들을 이해하기 위해서는 그곳 여성들의 삶 전체를 연구할 필요가 있음을 깨달았다.

종종 미드의 집 앞에서 즉흥적인 파티가 벌어지곤 했다. 그렇지 않을 때면 미드는 한밤이 될 때까지 자신의 기록을 정리하곤 했다.

사모아 말이 늘고 그곳의 문화에 대해서도 아는 것이 많아지자, 미드는 사모아 여성 모두를 대상으로 오랜 시간에 걸쳐 인터뷰하기 시작했다. 그녀는 인터뷰가 끝나면 사모아 사람들이 받지 않으려는 돈 대신에 종이와 봉투, 담배, 성냥, 양파, 바늘, 실, 잉크, 가위와 같은 것들을 선물로 주었다. 아니면 그들이 호놀룰루로부터 얻었으면 하는 품목들을 주문해 주거나, 중요한 편지를 대신 써주기도 하고 사진도 찍어 주었다. 그리고 마침내 사모아 말을 능숙하게 구사할 수 있게 되자 미드는 사모아 사람들과 집단 인터뷰를 하기 시작했다. 그녀가 특히 집단 인터뷰를 즐겼던 이유는 그들 사이에 논쟁이 벌어져서 서로 다른 주장이 오가면 더 나은 정보를 얻을 수 있다는 것을 알게 되었기 때문이다.

폭풍우가 휩쓸고 간 마을

1926년, 새해 첫날에 홀트 가족은 과일 케이크를 만들었고, 미드는 케이크에 쓸 소스(버터 · 설탕 · 크림을 섞은 곤죽 같은 소스)를 만들고 있었다. 바깥에서는 폭풍우가 몰아치기 시작했지만 모두들 즐거운 저녁식사 준비에 몰두해 있었기 때문에 누구도 사태의 심각성을 미처 깨닫지 못하고 있었다. 그런데 갑자기 무시무시한 허리케인이 들이닥쳤다.

섬 전체가 온통 모래로 뒤덮였고, 코코넛이며 양철 지붕들이 하늘 위로 날아가 버렸다. 그들은 공포에 휩싸인 채 주변에 있는 건물들이 한 채씩 무너져 내리는 것을 지켜봤다. 처음에는 병원이, 그 다음에는 학교 건물이, 그 다음에는 마을의 반대편 구석에 있는 교회가 쓰러졌다. 높은 언덕이 홀트 가족의 집을 보호하고는 있었지만, 태풍의 눈 속에 있는 정적의 순간이 지나고 나면 탁 트인 바다로부터 무자비한 폭풍우가 밀려올 것이다. 이제 그들은 무엇을 어떻게 해야 한단 말인가?

그들은 뒷마당에 있는 시멘트로 된 물탱크의 물을 빼 낸 다음, 그 속으로 대피하기로 했다. 미드가 먼저 탱크 속으로 들어가서, 조금 남은 물 속에 발을 담그고 섰다. 그 다음에 홀트가 그녀에게 두 살 난 아기 아서를 건넸다. 그리고 나서 홀트 부부와 두 명의 해군이 따라 들어왔다. 그들은 딛고 설 수 있는 상자들, 몇 벌의 옷, 손전등 두 개, 이웃에 사는 사모아 사람이 보내온 통째로 구운 닭도 함께 가지고 들어왔다. 가로 1미터 20센티미터, 세로 1미터 50센티미터의 물탱크 위에서는 양철 지붕이 세찬 바람에 금방이라도 날아갈 듯이 덜컹거렸다. 그들은 그 속에서 폭풍우를 간신히 피할 수 있었다. 그리고 폭풍이 지나간 후 두 주 동안은 마을 사람들이 무너진 집들을 짓는 데 열중했기 때문에 미드는 자신의 작업을 중단해야만 했다.

사모아 소녀들의 평화로운 사춘기

미드는 사모아의 아이들이 2~3년 동안은 어머니의 보살핌을 받다가, 어머니가 농사일, 실잣기, 고기 잡는 일을 다시 시작하면 주로 형제 중 큰누나에게 맡겨진다는 사실을 알게 되었다. 사춘기에 접어든 소녀들은 가끔 이 지루한 아이 돌보기에서 벗어나서 자신의 인생에서 가장 큰 자유를 누릴 수도 있었다. 소녀들은 옷감짜기, 농사일, 고기잡이와 같은 보다 정교한 가사 기술을 배워야 하지만 아이를 돌보는 동안은 서두를 필요가 없었다. 그리고 결혼도 마찬가지였다. 일에 대한 이런 너그러운 태도가 소녀와 어머니 사이에 생길 수도 있는 긴장을 많이 감소시켰다. 간혹 긴장이 생기더라도 소녀들은 얼마간 다른 가족과 함께 지내면 그만이었다. 미드는 이렇게 쓰고 있다. "한 가정에서 계속 사는 아이들은 드물었고, 그들은 방문이라는 구실 아래…… 항상 또 다른 형태의 거주를 하고 있었다."

사모아에서 부모들과 자녀들 사이에 갈등이 적은 또 다른 이유로는 성에 대한 개방성을 들 수 있었다. 아이들은 자주 부모가 성교하는 장면을 목격했고, 우발적으로 동성애 장난도 쳤다. 그리고 많은 처녀들이 혼전순결을 지켜야 한다는 사회적 규범에도 불구하고 청년들과 사랑을 나누었다. 미드는 처녀들에게 청년들과의 관계에 대해 구체적으로 질문을 던졌다. 그리고 그녀는 공식적인 구혼에서부터 "야자나무 아래서"의 비밀스런 만남이나 "눈이 맞아 도

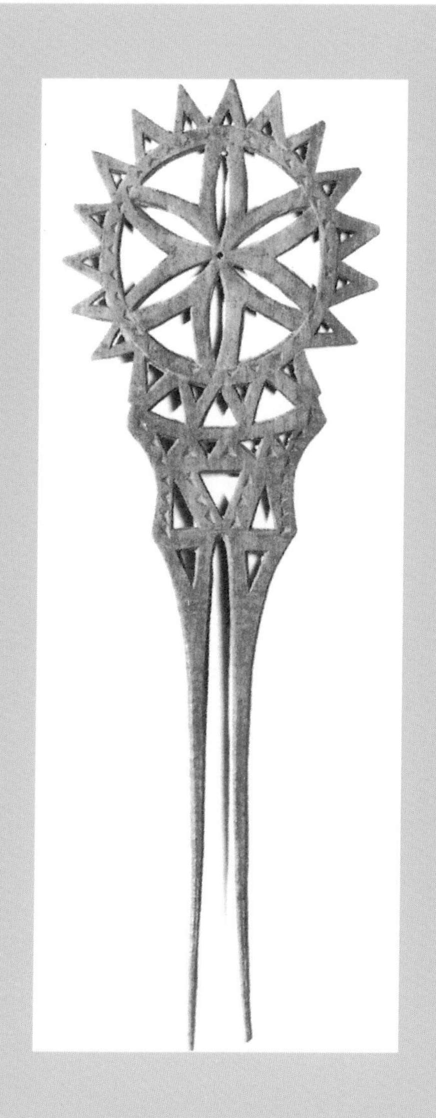

미드가 사모아를 떠날 때 가져온 것은 나무로 만든 빗을 포함하여 모두 세 개에 불과하다. 나중에 그녀는 미국 자연사박물관에서 전시할 전시품을 수집했다.

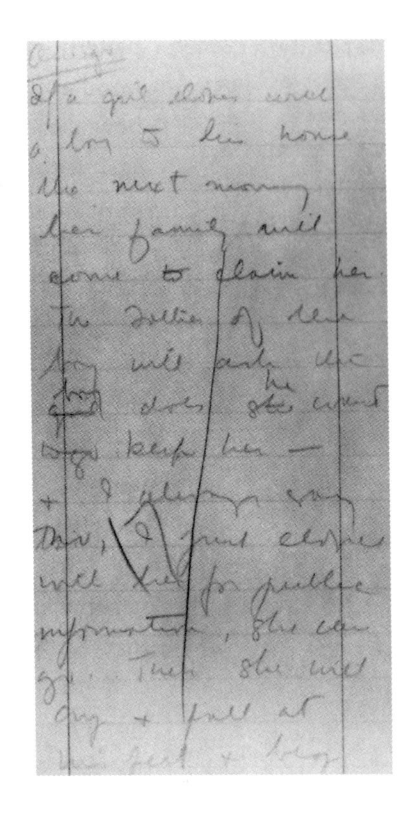

미드는 자신이 기록하는 동안 의심을 받지 않도록 종이를 보지 않은 채 재빠르게 노트에 필기하는 법을 배웠다. 공책에 한 페이지를 옮겨 적은 후에 미드는 그 페이지에 길게 줄을 긋고, 일련번호를 매겼다.

망가기" 그리고 "야밤에 기어들어가기"(야밤에 청년이 자신을 기다리고 있을 것이라고 생각되는 여성의 침대로 몰래 기어들어가는 것)라고 불리는 행동에 이르기까지 여러 가지 관습에 대해 기록했다. 그런데 만약 "야밤에 기어들어가는 자"가 발견되면 시끄럽게 외치는 소리가 들리면서 그 청년은 집안 사람 모두로부터 추격을 당한다고 한다. 나중에 미드의 비판가 중 한 명은 미드가 서술한 성에 대한 개방성에 문제가 있음을 지적했다. 그는 사모아 소녀들이 미드의 입맛에 맞을 것이라고 생각한 이야기를 제멋대로 지어 냈을 뿐이라고 주장했다.

흡족했지만 외로웠던 현장 연구

미드는 자신이 사모아에서 억세게 운이 좋았다고 느꼈다. 그녀는 초기에 바이토기 부락을 방문했을 때에는 특권적 지위를 이용하여 멀리 떨어진 외딴 마을에 사는 존경받고 현명한 노인들을 방문할 수 있었다. 그리고 거주지인 타우의 마을에서는 평범한 사람으로 대접받았기 때문에 자유롭게 밖을 나다닐 수 있었다. 미드는 자신이 이런 식으로 사모아 사회의 모든 계층의 사람들에게 접근할 수 있었다고 믿었다.

떠날 때가 되자 미드는 자신이 원하는 자료들을 모두 얻었는지 살펴보기 위해 그때까지 해놓은 작업결과를 점검했다. 그녀는 그 동안 자신이 모은 막대한 양의 자료가 대견해 보였고, 신뢰받을 수 있는 책을 쓸 수 있겠다는 생각이 들었다. 하지만 그녀는 자신이 이루어 낸 연구 성과에도 불구하고 사모아에서 외톨이로 지내다보니 뉴욕의 친구들에게서 느낄 수 있었던 동료애와 지적 자극이 그리워졌다. 그녀는 다음 번 현장연구에는 반드시 파트너와 함께 오리라 결심했다. 이제 두 번 다시는 혼자 현장연구를 떠나고 싶지 않았던 것이다.

귀향길에 맞이한 결혼의 위기

사모아에서 아홉 달을 보낸 후에, 미드는 집을 향해 떠났다. 파고파고에서 호주까지 가는 첫 번째 뱃길에서 그녀가 탄 배는 엄청난 폭풍우를 뚫고 지나가야만 했다. 미드는 간신히 호주에 도착하고 나서야 금세기 최악의 폭풍우 중 하나를 뚫고 왔음을 알게 되었다. 미드가 탄 배는 많은 배들이 침몰당하는 위기를 헤쳐나왔던 것이다.

미드의 두 번째 뱃길에서는 또 다른 위기가 기다리고 있었다. 호주에서 새로운 배를 타게 된 미드는 키 크고 잘생긴 심리학자 레오 포춘을 만났다. 그는 공부하러 영국에 가기 위해 미드와 같은 배를 탄 뉴질랜드 출신의 사람으로

꿈에 대한 책을 쓴 경력이 있었다. 당시 인류학과 심리학에 대한 대화를 간절히 원하고 있었던 미드는 포춘의 폭넓은 독서량에 깊은 감명을 받았다. 그들은 거의 6주 동안 잠시도 쉬지 않고 대화를 나누었다. 심지어는 프랑스의 마르세유에 배가 도착한 후에도 그들의 대화는 계속되었다. 그곳에서는 미드의 남편인 루터 크레스만이 기다리고 있었다. 그런데 루터는 배가 도착한지 한참이 지났는데도 왜 미드가 배에서 내리지 않는지 의아스러워해야만 했다. 미드는 루터와 함께 뉴욕으로 돌아왔지만, 6개월 후에 루터에게 포춘과 결혼할 수 있도록 이혼해 달라고 요청했다.

투탕카멘
정확하게는 투트 앙크 아멘이라 한다. 이집트의 제10대 왕인 이크나톤의 아우 또는 조카라고도 하는데, 출생에 관해서는 확실하지가 않다. 아홉 살의 어린 나이에 왕이 된 투탕카멘은 수도를 아마르나에서 테베로 옮겼다. 나이 어린 투탕카멘이 당시의 난국을 극복할 수 있었던 것은 중신 아이와 노장 할렘헤브의 보좌에 힘입은 것으로 알려져 있다. 열여덟 살의 젊은 나이에 죽은 이 왕의 죽음에 대한 의혹은 아직도 풀리지 않고 있으며, 업적에 관한 기록도 남겨지지 않아 거의 알려진 것이 없다. 다만 이 왕의 묘가 테베의 서쪽 교외인 '왕가의 계곡'에서 발굴되면서부터 유명해졌다.

자연사박물관에 둥지를 틀다

뉴욕에서 미드는 자신을 기다리고 있던 미국 자연사박물관의 민족학 보조 큐레이터로 취직했다. 그녀에게 맡겨진 임무는 1926년에 이집트에서 투탕카멘의 무덤이 발견된 후 고고학이 대중들에게 널리 알려졌던 것처럼 민족학 또는 문화인류학을 대중들에게 널리 알리는 일이었다. 미드는 박물관 꼭대기에 있는 작은 사무실로 이사를 했다. 나중에 그녀는 "몇 달 후 나는 평생 이 박물관에 머물기로 마음먹었다"고 쓰고 있다. 실제로 그녀는 그렇게 했다. 그 사무실은 그 후 50년 동안 그녀의 영원한 집이자 삶의 중심지로 남아 있었다. 그녀는 점차 주변에 있는 방들을 끌어들여 자신의 사무실을 넓혀 갔지만, 훨씬 시설이 좋은 아래층의 사무실 대신 옥탑을 계속 고집했다. 그녀는 탑에 홀로 남아 자신이 원하는 것을 할 수 있었다.

COMING OF AGE IN SAMOA

A Psychological Study of Primitive Youth for Western Civilisation

By

MARGARET MEAD

Assistant Curator of Ethnology
American Museum of
Natural History

Foreword by Franz Boas
Professor of Anthropology, Columbia University

WILLIAM MORROW & COMPANY
NEW YORK MCMXXVIII

스승의 인정을 받은 첫번째 저서

박물관의 일에 익숙해지자 미드는 사모아에서 했던 현장연구 결과를 책으로 쓰기 시작했다. 그녀는 완성된 원고의 복사본을 보아스에게 넘기고 그의 반응을 살폈다.

그녀가 해야 될 일을 제대로 했을까? 아니면 그의 제자들이 종종 두려워하는 것처럼, 최고의 작업을 해내는 데 실패함으로써 스승을 "배신했을까?"

컬럼비아대학교에서 열린 인류학 오찬시간에 보아스는 그녀를 바라보며, "원고에 대해서 할 얘기가 있는데, 다음 화요일에 점심을 같이 하도록 하지"라고 말했을 뿐이었다. 미드는 그의 차가운 어투에 망연자실했다. 그녀가 무엇을 잘못했단 말인가? 그녀의 작업은 완전한 실패작이란 말인가?

화요일 아침이었다. 그녀는 작은 옥탑 사무실을 왔다갔다하면서, 점심시간이 다가올수록 잔뜩 긴장한 채 안절부절하지 못했다. 마침내 운명의 시간이 다가왔다. 보아스

『사모아에서 어른이 되다』를 펴낸 뒤에 미드는 유명해졌다. 그녀는 미국인들이 사모아인처럼 되기 위해 노력해야 한다고는 주장하지 않았다. 대신에 그녀는 미국인들은 다양성을 존중하고, 스스로 생각하는 법을 배워야 한다고 썼다.

는 미드와 함께하는 식사에 베네딕트도 불렀고, 셋은 이런저런 이야기를 했다. 마침내 보아스는 완고하게 그녀를 보면서 말했다. "너는 정열적인 사랑과 낭만적인 사랑의 차이를 명확하게 구분하지 않았어." 이것이 그가 한 비판의 전부였다. 보아스는 미드의 책 서문에서 "우리와는 완전히 다른 문화 속에서 한 젊은이가 마주쳤던 환희와 어려움이 영롱하고 선명하게 그려져 있다"라고 그녀의 책을 소개했다.

1928년에 윌리엄 모로우에서 출판된 미드의 처녀작 『사모아에서 어른이 되다』의 주제는 불안한 미국 젊은이들에 대해 주기적으로 터져 나오는 관심과 어느 정도 맞아떨어지고 있었다. 그녀는 출판사의 강권으로 책의 마지막 부분에 두 개의 장을 덧붙여 미국인들이 사모아인들에게서 배울 점들을 살펴보았다. '사모아의 젊은이들은 평화롭게 어른으로 성장하는 데 반해, 왜 미국의 젊은이들은 그 시절에 그렇게 큰 고통을 짊어져야 하는가?' 에 대해서.

미국이 사모아에게서 배워야 할 것들

미드는 사모아 가정의 유연성, 성에 대한 개방성, 소녀가 어른이 된 후에도 이어지는 작업의 연속성 등에 따른 사모아 사회의 일반적인 태평함 덕분에 소녀들이 평화로운 사춘기를 맞이할 수 있다고 주장했다. 반면에 미국의 소녀들은 촘촘하게 엮인 가족관계, 성에 대한 근심, 어린 시절의 놀이와 학교생활과 어머니에게 떠넘겨 받은 자질구레한 집안일 사이의 불연속성 등으로 미래에 대한 자신의 선택을 확신할 수 없게 된다. 다시 말하면 미국의 젊은이들은 사모아의 젊은이들과는 달리 아동기에서 청소년기를 거쳐 어른이 될 때까지 일정한 형태의 문화적 기대를 지니고 있지 못했던 것이다. 대신에 그들은 종종 자신들의 부모가 했던 선택에 반항할 수밖에 없을 정도로 다양한 기회에 직면하게 된다.

미드는 그 예로 종교를 들었다. 한 미국 소녀의 아버지는 엄격한 장로교 신도이고, 할아버지는 자유분방한 감독교 신도, 어머니는 인도철학에 관심을 보이는 평화주의자, 고모는 신에 대해선 아무것도 알 수 없다고 생각하는 불가지론자, 오빠는 중세의 모든 것에 관심을 가지고 있는 영국 국교회 가톨릭파의 일원, 삼촌은 엔지니어로서 엄격한 유물론자일 수 있다. 그리고 소녀는 자신의 가족 내부에서 표현되는 이 모든 가능성 중에서 하나를 선택할 것이다. 그리고 그녀의 선생님이나 친구들까지 포함시키면 선택의 가능성은 더욱 커진다.

부모들과 아이들 모두를 위해, 미국 청소년들의 고통을 덜어 주려면 무엇이 필요할까? 미드는 미국인들이 삶의 거의 모든 영역에서 수많은 선택의 기회와 맞닥뜨려야 할 정도로 다양하고 복잡하며, 급격하게 변하는 사회 속에 살고 있음을 강조했다. 그리고 그녀는 이런 환경은 앞으로도 좀처럼 변하지 않을 것이므로 미국 어린이들이 올바른 선

장로교

장로란 신약성서에 나타나는 감독이나 장로 등과 같은 의미로, 장로교는 이러한 장로들을 중심으로 한 교회를 말한다. 창시자는 프랑스의 신학자이자 종교개혁가인 칼뱅이다. 16세기 이후 유럽 전역으로 확산되기 시작해 1559년에는 프랑스에서만 2000여 교회가 장로제도를 채택했고, 이어 네덜란드와 스코틀랜드에서도 많은 장로교회가 생겨났다. 미국에서는 1706년에 필라델피아에서 처음으로 노회가 조직되고, 1789년에는 최초의 장로교 총회가 개최되었다. 18세기 이후 미국 장로교회는 아시아나 아프리카 등의 해외선교에 앞장서 많은 선교사들을 파송함으로써 장로교의 세계화에 이바지했다.

택을 할 수 있도록 교육받아야만 한다고 주장했다. 즉 그들에게 무엇을 생각할 것이냐가 아니라 어떻게 생각할 것이냐를 가르쳐야 하는 것이다. 또 그들은 관용(참을성)을 배우고, 열린 마음을 가지도록 훈련받아야 한다. 그녀는 책의 말미에서 "사모아인들은 한 가지 생활방식만을 알고 있기 때문에 그것만을 자식들에게 가르친다……. 그런데 우리는 많은 생활방식을 알고 있다. 그렇다면 아이들이 자유롭게 원하는 방식을 선택하도록 놔둘 것인가?"라고 쓰고 있다. 그녀는 아이들이 새로운 것을 실험하는 동안에 부모들이 옛 방식만을 고집한다면 남는 것은 갈등뿐이라는 사실을 말하고 싶었던 것 같다.

프로이트(1856~1939)
오스트리아의 신경과 의사이자 정신분석의 창시자로 모라비아(현재 체코)의 프라이베르크 출생이다. 빈대학 의학부를 졸업한 후 얼마 동안 뇌의 해부학적 연구, 코카인의 마취작용 연구 등에 종사했다. 1885년에 파리의 사르베토리에르 정신병원에서 샤르코의 지도 아래 히스테리 환자를 관찰하고, 1889년 여름에는 낭시(프랑스)의 베르넴과 레보 밑에서 최면술을 경험하면서 인간의 마음에는 본인이 의식하지 못하는 과정, 즉 무의식이 존재한다는 것을 믿게 되었다.
프로이트는 자유연상법을 사용하여 히스테리를 치료하고, 1896년에는 이 치료법에 '정신분석'이라는 이름을 붙였다. 이 말은 나중에 그가 수립한 심리학의 체계까지도 지칭하는 말이 되었다.

두 번째 결혼과 함께 시작한 새로운 연구

미드는 사모아 사람들에 대한 책이 출판된 후 새로운 현장연구를 계획하기 시작했다. 그녀는 뉴기니를 선택했다. 레오 포춘이 그곳에서 일하고 있기 때문이었다. 그녀는 이번에는 아이들을 연구하고 싶었다. 프로이트와 뛰어난 유럽의 심리학자들(루시엔 레비-브륄과 장 피아제와 같은)은 원시인들의 사고과정이 어린이들과 비슷하다고 주장했다. 물론 그들은 원시인 어른들과 유럽 어린이들을 비교한 것이다.

미드는 만약 그들의 주장이 사실이라면 원시인 어린이들은 무엇과 비슷하다고 해야 하는지 의문이 생겼다.

1928년 가을이 되자 미드는 박물관의 자기 부서로부터 약간의 지원금을 받아서 샌프란시스코와 호놀룰루를 거쳐 남태평양의 애드미럴티 제도를 향했다. 도중에 그녀는 뉴질랜드의 오클랜드에서 포춘을 만나 호주의 시드니로 떠나기 전인 8월 8일에 결혼식을 올렸다.

시드니에서 포춘은 자신의 친구와 그의 선생인 래드클리프-브라운 교수에게 미드를 자랑스럽게 소개했다. 래드클리프-브라운은 미드에게 적도에서 조금 남쪽에 있는 애드미럴티 제도의 마누스 섬을 현장연구지로 선택하는 것이 어떻겠느냐고 제안했다. 마누스 섬으로 가는 도중에 그들은 번역가를 구하기 위해 뉴브리테인 섬에 잠시 들렀다. 그리고 이곳에서 그들에게 고용된 젊은이 반얄로는 자신의 고향 마을인 페리를 현장연구지로 추천했다. 이렇게 그들은 조금은 즉흥적인 방법으로 인구 210명인 페리 마을을 현장연구지로 선택하게 되었다. 그리고 미드는 연구가 끝난 후에도 평생 동안 여러 번에 걸쳐 페리를 방문했다.

애드미럴티 제도
남서태평양의 뉴기니 섬의 북쪽, 적도의 남쪽에 있는 화산성 섬들을 가리키는 말이다. 마누스 제도라고도 한다. 파푸아뉴기니에 속하며, 비스마르크 제도의 일부를 이룬다. 주요 섬인 마누스 섬을 비롯하여 램부티오 등 16개의 섬이 있다. 이 제도는 독일령, 오스트레일리아 위임통치령, 일본군 점령, 오스트레일리아 신탁통치령을 거쳐 파푸아 뉴기니의 일부가 되었다. 주민은 파푸아계 멜라네시아인이며, 문화적으로는 뉴기니 섬과 비슷하다. 주산물은 코코야자와 진주조개 등이다.

물 위의 마을, 페리

페리를 본 미드는 이곳이야말로 원시 베니스라고 생각했다. 이곳의 집들은 물 위로 솟아오른 높은 기둥 위에 세워져 있었고, 거리는 수로였으며, 모든 사람들은 카누를 타고 다녔다. 이곳 아이들은 하루종일 물에서 살았고, 서너 살 먹은 아이들까지도 모두 자기 소유의 작은 카누를

마누스에 있는 집들은 대나무 기둥 위에 세워진 수중가옥이었다. 제2차 세계대전 후에 마누스 사람들은 자신들의 집을 마른 땅 위로 옮기고 자신들의 오래된 관습 중 많은 것들을 버렸다.

가지고 있었다. 그런데 그 카누를 움직이는 데 무려 3미터나 되는 장대가 사용되고 있어 미드를 놀라게 했다. 페리에서는 돼지들조차 수중동물이었다. 낮 동안에 돼지들은 말뚝 위에 세워진 우리 속에 갇혀 있었지만, 밤이 되면 얕은 물에서 뒹굴고 헤엄칠 수 있도록 해주었다. 물 위에 지어진 집들은 서로 아주 가까웠기 때문에 사람들은 소리를 쳐서 옆집으로 의사를 전달할 수 있었다.

미드와 포춘은 작은 섬의 해변가에 집을 마련했다. 나무가 두 그루 서 있는 그 집은 마을에 있는 두 개의 사교센터 중 하나였다. 미드는 그 지역 추장 중 한 명을 설득하여 또 다른 사교센터에도 자신들이 머무를 집을 지었다. 그래서 그들은 두 지역 모두에서 현장연구를 할 수 있었다. 그들이 살게 된 집의 마루는 나무 조각을 짜맞췄지만, 울퉁불퉁하여 그 틈이 벌어져 있었다. 의자 다리, 연필, 그리고 작은 물건들이 틈 사이로 빠져나가 물 속으로 떨어지곤 했는데, 그런 일은 미드가 물건을 잘 간수하는 방법을 터득할 때까지 계속되었다. 그들은 마치 물 위에 있는 나무에서 사는 기분이 들었다.

미드 부부는 열두 살에서 열네 살까지의 어린 소녀 몇 명을 고용해서 가사일을 돕도록 했다. 그런데 소녀들은 너무 어려서 장난치기를 좋아했고 일을 제대로 못했다. 하지만 그렇다고 큰 아이들을 고용할 수도 없는 노릇이었다. 그것은 곧 그들의 연구대상인 어린 소녀들과 거리가 멀어진다는 것을 뜻하기 때문이다. 마누스에서는 어린 소녀들과 나이가 많은 남성 친척은 어떤 사회적 접촉도 하지 못하도록 되어 있었다. 그런데 이 작은 마을에서는 거의 모든 사람들이 이런저런 혈연관계로 맺어져 있었다.

이해타산에 밝고 정령을 믿는 사람들

정령숭배
인간의 영혼 이외에 동식물이나 그 밖의 모든 사물에 잠정적으로 깃들여 있다고 생각되는 영혼을 숭배하는 일을 말한다. 정령은 넓은 의미에서는 영혼이나 귀신들을 포함하나, 엄밀한 의미에서는 신들과 같은 명확한 개성을 갖지 않은 종교적 대상을 말한다. 영국의 문화인류학자 타일러가 처음 사용한 용어로서, 그는 인간의 영혼이 외계의 사물에 적용된 것이 정령이라고 하였다. 원시종교나 민간신앙에서는 정령의 관념이 지배적이어서 정령에 대한 숭배도 성행했다. 정령은 인간의 길흉화복과 깊은 관계가 있다고 믿어지므로 이를 두려워하는 마음에서 정령을 위무하기 위한 여러 가지 의례가 행해진다. 정령숭배는 현대의 모든 종교와 복잡하게 얽혀서 다양한 양상을 보이고 있다.

마누스 사람들은 주로 무역과 어업에 종사했는데, 겉으로는 명랑하고 관대해 보였다. 그러나 미드는 곧 그들의 문화가 물질추구적이고 규칙에 얽매여 있다는 사실을 발견했다. 한때 적과의 전쟁에 쏟아 부었던 그들의 모든 에너지와 공격성이 지금은 경제활동과 복잡한 거래를 향해 겨누어지고 있었다. 그들 사이에서 발생하는 모든 사건 또는 관계는 누가 주었느냐 또는 누가 누구에게 무엇을 주어야만 하느냐라는 말로 표현되었다.

마누스의 청년들은 그들을 위해 아내를 사주는 나이 많은 사람들에게 무거운 빚을 지게 되고, 그 빚을 갚기 위해 여러 해를 고통스럽게 보내야만 했다. 그러다 보면 어느새 자신에게 그런 고통을 안긴 아내에게 적개심을 품게 된다. 마누스는 어린이들에게는 낙원이지만 어른들에게는 그렇지 않은 것처럼 느껴졌다. 그리고 이곳 사람들은 강간과 부채, 체납과 같은 범죄를 질병이나 죽음으로 응징하는 유령(죽은 조상들의 영혼)을 두려워하며 살고 있었다.

그림으로 관찰한 마누스 어린이들

포춘은 마누스 사람들의 종교적 삶을 연구대상으로 삼았고, 미드는 어린이들의 정신세계를 연구했다. 미드가 꾸려온 짐 속에는 1000장의 도화지, 풍선, 고무공, 많은 양의 쌀과 담배가 들어 있었다. 마을 사람들에게 선물로 줄 여러 물품들과는 달리 도화지는 어린이들의 심리 테스트를 위한 것이었다. 마누스에서 지내는 다섯 달 동안 미드는 이름, 날짜 그리고 아이들의 설명이 덧붙여져 있는 1000장의 그림들을 모았다.

미드는 마누스 아이들의 사고가 서구의 기준에서 봤을 때 비이성적인지를 알고 싶었다. 즉 그곳 아이들이 나무나 산과 같은 자연이나 해골, 연장과 같이 특별한 물건 속에 정령이나 영혼이 살고 있다고 믿는지 궁금했다. 그래서 그녀는 아이들이 영혼이나 귀신을 그리는지, 아니면 그림에 대해 설명할 때 그런 존재들에 대해서 말하는지를 지켜보았다. 결과는 그렇지 않다는 것이었다.

미드가 수집한 아이들의 그림 3만 5000점 중에는 사람의 얼굴을 지닌 집이나 사람으로 변신한 카누가 한 점도 없었다. 그녀는 마누스 아이들은 마누스 어른들보다 정령을 믿고 있지 않았으며, 사고방식에 있어서 더 합리적이라고 결론을 내렸다. 미드는 이것은 서구사회와 정확히 반대되는 현상이라고 주장했다. 따라서 일부 심리학자들이 주장하고 있는 것처럼 정령숭배와 비이성적인 사고가 모든 아이들이 어른이 되기 전에 거쳐가는 보편적인 단계라고 할 수 없는 것이다.

사회의 지배적인 가치를 배워가는 아이들

마누스의 아이들은 자신들이 하고 싶은 일은 뭐든 할 수 있었다. 그들은 친절하고 행복했으며 너그러웠다. 그러나 어른들의 간섭을 받지 않고 하는 그들의 놀이는 어떤 방향성도 없는 것처럼 보였다. 그들을 관찰했던 경험에서 미드는 파급력을 지닌 결론 두 가지를 도출해 냈다. 그런데 그것들은 모두 미국의 진보적인 교육학자들이 주장하는 것과 모순되었다.

미드는 『뉴기니에서 성장하다』에서 "모든 어린이들이 창조적이고, 풍부한 상상력을 지닌 채 태어나기 때문에 그들 스스로 풍부하고 매력적인 삶의 방식을 발전시키기 위해 필요한 것은 그들에게 자유를 주는 것뿐이다"라고 가정하는 것은 잘못이라고 썼다. 그녀는 어린이들에게는 성숙한 어른의 안내와 체계적인 지도가 필요하다고 결론지었다. 그녀는 또한 친절하고 너그러운 마누스 어린이들이 자라면서 자신들의 부모처럼 욕심과 질투심이 많고, 물질추구적인 어른들로 변하는 것을 보고 한 가지 의문이 생겼다. 그것은 그녀로 하여금 그 당시 미국과 여타 지역의 진보적인 교육자들 사이에 회자되던, 교육을 변화시키면 사회를 변화시킬 수 있다는 믿음에 대한 의문이었다. 결국 그녀가 내린 결론은 어린이들 속에서 저절로 나타나거나 배워서 얻은 행동양식과 가치들이 그 사회에서 지배적인 위치를 차지하지 못할 경우에는 지속될 수 없다고 결론지었다.

육체적인 고통과 싸우며 현장연구를 마치다

마누스 연구에서 큰 역할을 했던 어린이들의 그림 그리기 작업은 두 번 다시 미드에게 유용하게 쓰이지 않았다. 후속 작업에서는 아이들이 종이 위에 자신들의 세계관을 펼쳐 보이기보다는 어른들이 하는 것을 그대로 베꼈기 때문이다.

페리에서 여섯 달을 지내는 동안 미드와 포춘은 여러 가지 어려움을 감수해야만 했다. 특히 수영을 전혀 못하는 미드에게는 물 위의 집에 살면서 카누를 탔다가 내리는 것이 큰 고역이었다. 게다가 그녀는 발목이 부러져서 한동안 목발을 짚고 다녀야만 했다. 마누스 사람들은 그녀가 카누를 타고내릴 때마다 매우 근심 어린 표정으로 쳐다보곤 했다. 또 미드는 끊임없이 말라리아에 걸려 되풀이되는 한기와 고온, 그리고 황달과 나른함을 몸에 달고 살았다. 그러나 그녀는 마누스 사람들 속에 섞여 살면서 이런 어려움들을 극복해 냈다.

현장연구가 끝나고 미드와 포춘이 탄 카누가 페리 마을을 떠나기 시작하자 죽은 자들을 위한 마을의 북이 슬프게

말라리아
학질모기로 인하여 매개되는 감염증으로서 특이한 발작을 되풀이하는 열대병이다. 말라리아는 열대지방을 중심으로 온대지방까지 널리 분포하며, 이것은 말라리아를 전파하는 학질모기의 분포와 밀접한 관련을 가지고 있다. 온대지방에서는 모기의 발생시기와 관계되며, 여름철에 유행한다. 이와 반대로 열대지방에서는 1년 내내 유행한다. 이와 같은 사실은 모기의 체내에서 말라리아 원충이 자라려면 25℃ 이상의 기온이 2주간 이상 계속되어야 한다는 것을 알 수 있다.

마누스의 페리 마을 사람들은 다리가 부러진 미드를 들것에 싣고 다녔다. 미드의 약한 발목은 그 후로도 계속해서 그녀를 괴롭혔다.

울려 퍼지기 시작했다. 당시 페리 마을 사람들은 두 번 다시 미드를 볼 수 없을 것이라고 생각했던 것이다. 그러나 그녀는 그 후 50년 동안 다섯 번이 넘게 그 마을로 되돌아왔다.

유명한 작가가 된 미드

미드는 자신이 마누스에 머무르는 동안 『사모아에서 어른이 되다』가 미국에서 베스트셀러가 되었음을 알게 되었다. 그리고 집에 도착하고 나서 유명한 작가가 되어 있는 자신을 발견했다. 《아메리칸 머큐리》나 《네이션》과 같은 유명한 잡지에 그 책에 대한 서평이 실렸고, 심리학자인 하벨록 엘리스와 인류학자인 브라니슬라프 말리노프스키에게 호평을 받았다. 책도 많이 팔리고 있었다.

그러나 인류학자 동료들 중 일부는 미드의 책에 비판적이었다. 에드워드 사피르는 사적인 자리에서 그녀의 책에서 발견되는 "야자나무에서 흔들리는 바람"과 같은 낭만적인 어투를 애석하게 여겼다. 그리고 모든 사회는 성적 관심을 어떤 식으로든 통제하기 때문에 성적으로 자유로울 수는 없다고 주장했다.

다른 인류학자들은 그녀가 사모아 사회에서의 갈등을 제대로 보지 못했고, 그녀가 그곳에 머무는 동안 사모아에서 일어났던 미국을 상대로 한 독립투쟁을 무시했다고 비판했다. 하지만 이 점에 대해 미드는 그런 정치적인 문제들로부터 자유로왔던 소녀들의 관점으로 사모아 사회를 바라봤을 뿐이라고 대답했다. 그녀는 보는 관점에 따라 사회가 달라 보일 수도 있다는 주장을 암묵적으로 펼친 셈이다. 남성 정치지도자들이 무엇을 생각하고 어떤 행동을 하는지를 연구하는 것이 정당한 것처럼 소녀들이 무엇을 경험하는지를 연구하는 것도 마찬가지로 정당한 것이다.

대중강연과 두 번째 저서 출판

1929년 가을에 뉴욕으로 돌아온 미드는 자연사박물관에 있는 자신의 자리로 되돌아갔고, 유명인사가 되어 새로운 삶을 시작했다. 그녀는 언론의 관심을 반겼다. 〈뉴욕타임스〉에서는 그녀를 뉴기니의 "여성 탐험가"로 소개했다. 어느 기사에서 그녀는 "멜라네시아 사람들을 이해하고자 힘든 길을 마다하지 않았고, 마침내 사모아 사람들의 양녀이자 공주가 되었다"고 소개되기도 했다. 그녀는 대중강연을 시작했고 토크쇼에도 출연했다. 그리고 이때부터 2주나 3주에 걸쳐서 행해지던 그녀의 대중강연은 평생 계속되었다.

미드는 유능한 강사일 뿐 아니라 청중들의 소리에 귀를 기울일 줄 알았고, 질문을 받는 것을 즐겼으며, 가끔은 격렬한 논쟁을 벌이기도 했다. 그녀는 대중들의 관심을 사로잡는 법도 알고 있었다. 그래서 "식인종들의 사생활"이라든가 "여성이 고기를 잡고, 남성은 화장을 하는 곳"과 같은 흥미로운 주제를 강연 제목으로 내세우기도 했다. 그녀의 강의는 대중의 시선에 눈높이를 맞추었으며, 그후 50년 동안 그 눈높이에서 벗어난 적이 거의 없었다.

포춘은 컬럼비아대학교에서 연구원으로 있으면서 미드와 결혼하기 전부터 쓰고 있었던 『도부의 마술사들』을 탈고했다. 그리고 최근의 현장연구 결과를 바탕으로 『마누스의 종교』라는 책도 썼다. 그 사이에 미드는 애드미럴티 제도 사람들의 혈연관계를 다룬 전문적인 논문을 썼을 뿐 아니라 마누스의 어린이들을 다룬 『뉴기니에서 성장하다』를 끝마쳤다. 그녀는 서른 살도 되기 전에 이미 두 곳에서 현장연구를 수행했고, 그 결과를 모두 책으로 펴내는 데 성공했다.

힘겨운 인디언 연구

1930년 여름에 미드는 자신의 관심을 일시적으로 남태평양에서 미국 원주민에게로 돌렸다. 그녀는 보아스에게 포춘과 함께 나바호족을 연구하기 위해 남서부로 가겠다고 제안했다. 그러나 보아스의 대답은 안 된다는 것이었다. 그의 또 다른 제자인 글래디스 레이처드와 플리니 고다드가 이미 나바호족을 연구하고 있었기 때문이다. 보아스는 다른 인류학자의 영역을 침범하는 것은 무례한 짓이고, 자원을 낭비하는 것이라 생각했다.

얼마 후에 미국 자연사박물관에서 미드가 속해 있던 부

나바호족
인디언 중에서 인구가 가장 많은 종족으로, 약 9만 명에 이른다. 북아메리카 남서부인 뉴멕시코 주·애리조나 주·유타 주 등에 산다. 원래는 수렵과 식물채집으로 생활했으나, 이웃에 사는 푸에블로 족으로부터 농경기술을 배웠다. 모계적 친족조직을 가지며, 결혼하면 처가 근처에서 자리를 잡는 경향이 많다. 언어는 나바호어를 사용하며, 종교의식 중에는 병을 고치기 위한 것이 많다. 은세공품을 만드는 금속공예 기술과 나바호 융단이 유명하다.

서의 장이 그녀를 불렀다. 그는 어떤 부유한 여성이 박물관에 미국 인디언 여성들의 삶을 연구할 수 있는 기금을 내놓았다면서 이번 여름에 미드가 그 연구를 할 수 있겠는지를 물어왔다. 또한 루스 베네딕트는 평원의 인디언들의 종교에 관심이 있었는데, 특히 소년들이 여러 날 동안 혼자 시각과 토템 동물을 찾기 위해 들판을 헤매는 시각 탐험에 관심이 있었다. 그녀는 만약에 포춘이 오마하 인디언들 사이의 시각 탐험을 연구하겠다면 기금을 모아 보겠다고 제안했다. 이 두 개의 작은 연구비를 모아서 미드와 포춘은 네브래스카 주에 있는 오마하 인디언 보호구역에서 석 달 예정으로 현장연구를 하기 위해 출발했다.

그것은 미드에게 가장 큰 당혹스러움을 안겨 주었던 현장연구였다. 여름의 네브래스카는 원래 덥고 건조한데, 그 해에는 6주 동안 비가 한 번도 내리지 않고 있었다. 게다가 오마하의 인디언들은 자신들의 전통문화에 대해 거의 아무것도 기억하지 못할 정도로 정신적으로 파괴되고 피폐해져 있었다. 그리고 그들은 기억하고 있는 것이 있다 해도 말하려고 하지 않았다. 그 이유는 오마하 인디언들은 신성한 것을 누설하면 죽음이 따른다고 믿고 있었기 때문이었다.

남태평양에 있는 활기 넘치는 섬에서 열정적인 연구를 했던 미드에게는 이 모든 것이 너무도 낯설었다. 그녀는 차라리 도서관에서 고문서들을 뒤지면서 여름을 보냈더라면 오마하 인디언의 전통문화에 대해 훨씬 더 많은 것을 알 수 있었을 것 같다는 생각이 들 정도였다. 정말로 힘 빠지는 일이 아닐 수 없었다. 그러나 그녀와 포춘은 최선을 다해 현장연구를 수행해 나갔다. 오마하 인디언의 집들을 일일이 방문하면서, 그들의 깨어진 삶과 행복을 기록했다. 포춘은 네브래스카에서 여름을 보낸 후 『오마하의 비밀결사들』이란 책을 출간했고, 미드는 미국 내 인디언에 관한 유일한 책인 『변화하는 인디언 부족의 문화』를 썼다. 이 책에서 그녀는 자신이 연구했던 사람들의 이름을 적는 대신 그들을 "사슴뿔을 가진 자들"이라 불렀다.

뉴기니의 남성과 여성

3

1932년에 북부 뉴기니에서 레오 포춘이 아라페쉬족과 함께 있는 미드를 찍은 사진이다. 인류학자들은 소금과 성냥을 주고 그 마을에 머물러도 좋다는 허가를 받았다.

1931년에 미드와 포춘은 다시 뉴기니를 향해 떠났다. 미국 자연사박물관은 미드가 남태평양을 향한 세 번째 여행을 할 수 있도록 2년에 가까운 장기간의 휴가를 기꺼이 허락했다. 대신에 박물관에 신설될 예정인 태평양 민속관에 전시할 뉴기니 사람들의 연장, 무기, 옷, 장난감, 악기 등을 수집해 주기를 원했다. 그때까지 미드는 현장연구에서 자신을 위한 기념품이나 박물관을 위한 유물을 챙기는 데 별다른 관심이 없었다. 사모아에서 그녀가 가져온 것이라곤 선풍기 하나, 물 컵 하나 그리고 베네딕트에게 주었던 타파(나무껍질) 옷 한 벌이 고작이었다. 그러나 자신의 또 다른 현장연구를 위해서라면 박물관이 필요로 하는 물건들을 기꺼이 수집할 용의가 있었다.

성 역할은 문화에 따라 어떻게 달라지는가

이번에 미드가 연구하고자 하는 것은 남성과 여성의 성적인 차이였다. 이번 연구는 사모아에서 했던 것처럼 청소년들을 대상으로 하는 성에 대한 실험이 아니었다. 그녀는 서구와는 다른 문화에서 성 역할이 형성되는 과정을 관찰하고자 했다. 또 각기 다른 문화에서 남자와 여자에게 기대되는 행동들, 즉 성적 기대가 서로 어떻게 다른지를 비교하고 싶었다.

언제나 그렇듯이 미드가 성 차이를 연구주제로 삼은 배경에는 당시의 사회적인 이슈가 작용했다. 소위 광란의

20년대라는 1920년대의 미국에서는 많은 여성들이 전형적인 여성상을 거부했다. 그들은 머리를 짧게 자르고 미니스커트를 입었으며, 담배를 피웠다. 그리고 예전에는 주로 남성들이 차지했던 전문직을 가질 수 있는 자유를 주장하는 등 기성 사회가 기대하는 성적인 역할에 대해 도전적이었다. 그러나 1929년에 주식시장이 붕괴되고 그 뒤를 이어 대공황이 휩쓸고 지나가면서 사회전체의 관습이나 관례가 이전보다 더욱 보수적으로 변하기 시작했다. 그에 따라 성 역할도 보다 엄격하게 규정되었다. 다시 괜찮은 직업들은 독립적이고, 공격적이고, 강인해지도록 교육받은 남성들의 차지가 되었다. 여성들은 다시 가사에 몰두했고, 간혹 예술과 같은 인생의 "보다 섬세한" 것들에 관심을 두도록 교육받기 시작했다.

미드는 남성이 할 일과 여성이 할 일 사이에 있는 이처럼 엄격한 구분이 과연 자연스럽게 생긴 것인지, 아니면 교육에 의해 인공적으로 만들어진 것인지 궁금했다. 즉 그런 차별은 여성과 남성의 생물학적 차이에 의해 생겨난 선천적인 것일까, 아니면 문화적 기대와 양육법에 의해 생겨나는 후천적인 것일까 하는 문제였다. 여성과 남성은 태어날 때부터 생물학적으로 차이를 보인다는 사실을 의심하는 사람은 아무도 없었다. 남성은 일반적으로 여성보다 크고, 육체적으로 강하다. 여성은 아이를 낳을 수 있지만 남성은 그렇지 못하다. 그렇다면 이런 생물학적 차이에 의해 남성과 여성이 각각 무엇을 할 수 있을지가 결정되는 것일까? 만약 그렇다면 모든 사회는 대략 비슷한 사회질서를 이루고 있어야만 할 것이다. 미드는 이 부분에서 의문이 생겼다. 그녀는 서로 다른 사회 속에서 여성과 남성의 역할이 어떻게 규정되는지를 보고자 했다.

산골 마을에 버려진 미드 부부

미드가 현장연구 초기에 했던 남태평양 여행은 배를 타면 목적지에 도달할 수 있는 섬을 대상으로 했다. 그러나 이번에 그녀와 포춘이 목적지로 삼은 곳은 뉴기니의 내륙 지방이었다. 그곳은 너무 척박하고 접근이 어려워서 아마도 그녀 혼자였다면 엄두도 내지 못했을 것이다. 그녀는 운동이라면 딱 질색이었고, 마누스에서 발목을 다친 이후 계속 상태가 좋지 않았기 때문이다. 이제 미드에게 남편 포춘은 동료의식과 지적 자극을 위해서 뿐만 아니라 현장연구를 하는 데도 없어서는 안 될 존재였다. 그녀는 가급적 서구문명이 아직 도달하지 못한 외진 곳으로 가고 싶어 했다. 뉴기니에는 이름조차 알려지지 않은 그런 오지 부락들이 수십 개나 있었다. 이들 부락들은 자신들만의 고유한 언어를 사용했고, 높은 산으로 둘러싸여 다른 부족들과 왕래 없이 살고 있었다.

미드와 포춘은 먼저 북부 해안 근처에 살고 있으며, 풍부한 의식생활로 소문이 난 아벨람 부족을 찾아가기로 했다. 우선 포춘은 자신들을 실어나를 일꾼들을 고용했다.

하지만 일꾼들은 뉴기니 내륙 깊숙한 산악 지대에 이르자 더 이상 갈 수 없다고 버텼다. 그리고 마침내 그들은 미드 부부를 어떤 산골 마을에 짐과 함께 내동댕이치고 떠나 버렸다. 미드와 포춘은 앞으로 나아갈 수도 없고, 뒤로 되돌아갈 수도 없는 진퇴양난의 처지에 빠졌다. 그래서 그들은 자신들이 처한 상황에서 최선을 다하기로 했다. 바로 자신들이 버려진 그 마을 사람들을 연구하기로 마음먹은 것이다. 그들은 그곳에 사는 부족을 아라페쉬라고 불렀는데, 아라페쉬란 '친구' 또는 '먼 친척' 을 뜻하는 그 지역 말이었다.

척박한 산등성이의 삶

산 속에서 살고 있는 아라페쉬 사람들은 매우 단순한 문화를 지닌 가난한 부족이었다. 그들은 산등성이를 따라 폭이 약 20미터에 불과한 좁고 긴 지역에 살고 있었는데, 양 옆으로는 수십 미터에 달하는 절벽이 자연적인 요새를 이루고 있었다. 그들에게 필요한 모든 먹거리와 땔나무는 가파르고 미끄러운 길을 통해 위로 운반되었는데, 대개 여인들이 앞이마에 매단 그물 속에 담아서 옮겼다. 아라페쉬 사람들은 주로 밭농사를 지었는데, 척박한 산악지대 특유의 토양 때문에 어려움을 겪고 있었다. 그리고 그곳에서 뭔가를 키우는 것(농작물, 돼지, 아니면 어린이 등)은 모든 어른들의 일이었다.

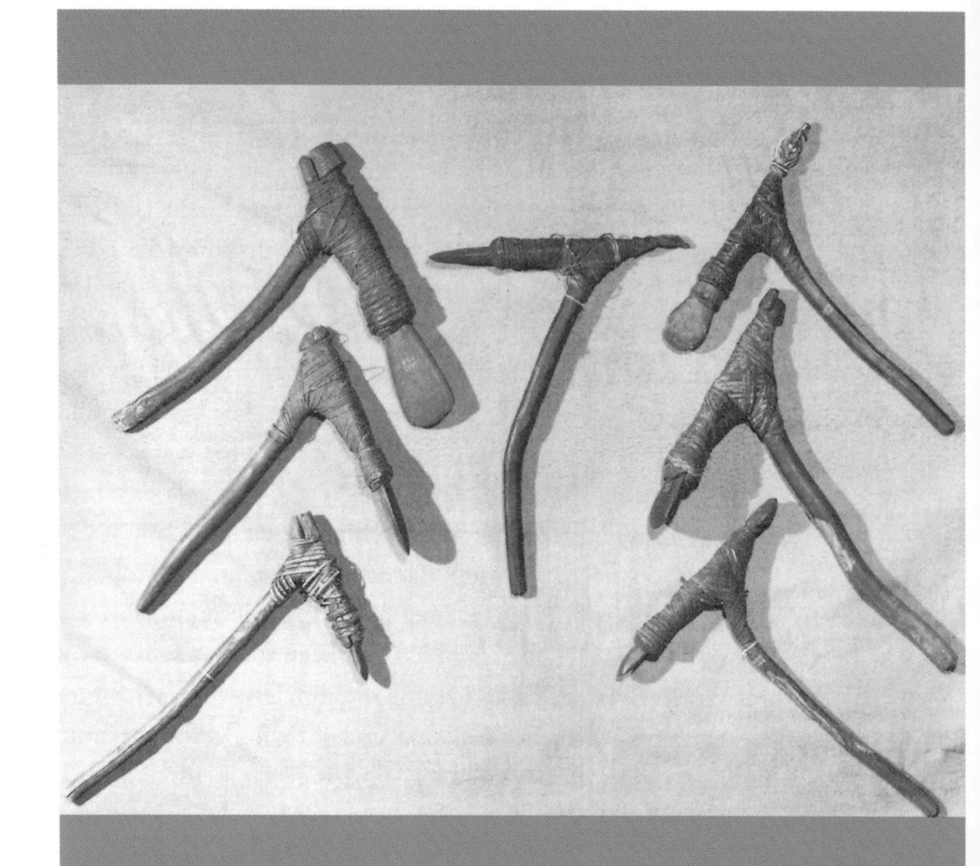

층이 얕은 산지의 흙을 가는 데 사용했던 아라페쉬족의 도끼들
아라페쉬의 물질문화는 이처럼 단순했지만, 그들의 언어체계는 매우 복잡했다.

아라페쉬 사람들의 남성과 여성은 성격과 역할이 비슷했다. 사람들은 모두 조용했고, 자기 주장을 내세우지 않았다. 아이들은 엄마와 아빠 모두에게서 보살핌을 받고 있었다. 아라페쉬 문화에서 가장 복잡한 것은 언어였는데, 11개의 성 또는 문법적 범주(영어의 경우에는 성이 모두 남성, 여성, 중성 등 세 개다)와 22개의 3인칭 대명사, 복수를 만드는 수많은 방법을 가지고 있었다. 미드는 아라페쉬 사람들이 그들의 창조력을 온통 자신들의 언어에 쏟아부은 것 같다고 생각했다. 그녀와 포춘은 아라페쉬 언어를 배우기 위해서 집안일을 도와 주는 아라페쉬 소년 중 한 명을 선생으로 삼아 여러 주를 보냈다.

몇 달이 지나자 미드는 점점 아라페쉬 사람들 사이에서 외톨이가 되어가고 있다는 느낌을 받았다. 포춘은 이웃 마을에 자주 나다니고, 어떤 때는 오랜 기간 동안 그곳에 머물거나 아예 해안으로 내려가기도 했다. 하지만 발목이 약한 그녀는 산길을 걸을 수 없었기 때문에 마을에 발이 묶여 있었다. 특히 모든 마을 사람들이 근처에 있는 농장에 가기라도 하는 날이면 마을 전체가 텅 비곤 했다.

미드와 포춘은 석달 동안이나 우편물을 받지 못했다. 그들이 간신히 라디오에서 뉴스를 들을 수 있게 되었을 때, 스피커를 타고 흘러나오는 모든 소식이 너무나 생소한 것들이었다. 또 시계까지 고장나 버렸기 때문에 시간에 맞추어 계획을 지킨다는 것조차 불가능한 일이 되었다. 그곳에서의 생활은 마치 미드가 얼마나 서구문명에서 멀리 떨어진 곳에 있는지를 보여 주기 위한 것 같았다. 마침내 더 이상 며칠인지를 가늠할 수 없게 되자 달력도 아무 소용이 없었다.

고립과 무기력으로부터의 탈출

미드가 마을에서 고립되고 일이 뒤죽박죽되면서 또 다른 문제가 발생했다. 포춘이 쉽게 화를 내기 시작했던 것이다. 어느 날 집안일을 도와 주던 소년일꾼에게 몹시 화가 난 포춘은 소년을 때리면서 협박까지 했다. 이 사건은 모든 종류의 공격과 폭력을 증오하는 아라페쉬 사람들을 화나게 했을 뿐 아니라, 아이를 때린다는 것을 상상조차 할 수 없었던 미드도 화나게 했다.

뉴기니의 산 속 마을에서 끝없이 밀려드는 지루함도 큰 문제였다. 미드는 어느새 평생 다시는 겪어보지 못할 무기력증에 시달리고 있었다. 그녀의 눈에 아라페쉬족은 아무것도 하지 않는 것처럼 보였다. 그녀는 자신과 포춘이 그들에게서 새롭게 안 것은 전혀 없으며, 다시는 결코 새로운 것을 배울 수 없을 것 같았다. 게다가 앞으로 다가올 삶도 자신의 눈앞에 무미건조하고 단조롭게 펼쳐져 있는 것 같았다. 포춘은 그런 그녀의 무기력한 심리상태를 불안한 눈으로 바라보기 시작했다. 그러자 미드의 마음 속에서는 포춘에 대한 경멸감이 점차 자라기 시작했다.

아라페쉬 마을에서 7개월 반을 지낸 후에 미드 부부는

다른 부족을 찾아나서기로 하고, 캠프를 정리했다. 그들은 그레고리 뱃슨이라는 영국 인류학자가 뉴기니의 세픽 강가에서 이아트멀이라는 흥미로운 부족을 연구하고 있다는 사실을 알고 있었다. 그가 일을 시작하기 전에 그곳에 도착할 수 있었으면 좋았을 텐데! 대신에 미드와 포춘은 세픽 강의 지류인 유아트 강으로 갔고, 문두구모어 부락에 자리를 잡았다.

공격적이고 이기적인 문두구모어족

문두구모어족은 아라페쉬와는 매우 달랐지만, 성 역할의 차이에 있어서는 마찬가지로 실망스러운 곳이었다. 그들의 문화는 급속히 변하고 있었다. 그들은 얼마 전에 그 지역에 대한 명목상의 지배력을 행사하고 있었던 호주인들의 압력에 굴복하여 식인풍습을 포기했다. 그 결과 의식을 중시하는 그들의 삶은 무미건조해졌고, 그들의 문화 전체의 흐름이 멈춰버린 것 같았다.

두 명의 그 지역 지도자들은 각각 열 명과 아홉 명의 부인을 거느리고 있었는데, 그 부인들은 모두 그들의 담배농장에서 일하고 있었다. 때문에 부인들의 유용성은 각별한 것이었다. 남성과 여성은 모두 매우 공격적이었고, 성욕이 강했으며, 자녀들에게는 무관심했다. 그들은 원치 않는 아이를 낳았을 경우에는 별 고민 없이 살아있는 상태에서 나무껍질에 싸서 강에 내던져 버리기도 했다.

레오 포춘이 1930년대 초반에 찍은 문두구모어족의 성년식 장면이다. 미드는 이 부족의 소년들에 대해 "그들은 4년 전쯤까지도 식인종이었다. 열두 명의 소년들이 사람의 살을 먹은 적이 있었는데, 그들은 자신들의 식인 습관에 관한 이야기를 하면서 장난기 어린 즐거운 표정을 지어 보였다"라고 썼다.

부부 사이에 찾아온 갈등과 긴장

미드는 루터 크레스만과 부부로 있었을 때 어쩌면 아기를 가질 수 없을지 모른다는 말을 들었다. 그때 그녀는 그것을 사실로 받아들였고, 그에 따라 자신의 미래를 설계했다. 그러나 그녀는 문두구모어족이 아이들을 대하는 태도에 큰 충격을 받고 나서, 처음으로 자신이 아이를 원하고 있음을 느끼게 되었다. 그렇지만 포춘이 좋은 아빠가 될 것 같지는 않았다.

결혼 후에 미드와 포춘 사이의 긴장은 계속 커져갔다. 포춘은 친족관계를 포함하여 자신이 문화의 가장 중요한 측면이라는 데에 몰두해 있었고, 여성과 어린이들에 관한 모든 것은 미드의 몫으로 남겨 놓았다. 그런데 미드는 원주민들과 인터뷰를 하면서 포춘이 놓친 친족관계들의 이모저모를 알게 되었고, 그 사실을 포춘에게 지적해 주었다. 미드는 잘못된 것을 지적해 줌으로써 바로 잡을 수 있다고 생각했다. 그러나 포춘은 그녀의 지적을 흔쾌히 받아들이지 않았다.

미드에게 포춘과의 갈등만큼이나 참기 힘든 것은 극성을 부리는 모기였다. 그곳의 모기는 그녀가 경험했던 것들 중 최악이었다. 그들 부부는 모기로 인해 여러 날을 책상과 의자 몇 개를 넣을 수 있을 정도로 좁은 모기장 속에서 갇혀 지내야만 했다. 미드는 말라리아로 인해 여러 차례 고통을 겪었다. 하지만 포춘은 그런 그녀의 고통에 무심했

다. 포춘 스스로가 육체적 불편과 질병을 애써 무시하는 성향을 지니고 있었기 때문에 은연중에 다른 사람들에게도 자신에게 대하듯 엄격함을 적용하곤 했다. 하지만 결혼 초만 해도 그녀가 아팠을 때 정성껏 보살펴 주었던 포춘이 이제는 그렇지 않았기에 미드가 느끼는 서운함은 더욱 컸다. 아마도 포춘은 동정심은 그녀를 의기소침하게 만들 뿐이고, 결과적으로 그녀에게 좋지 않은 영향을 미칠 것이라고 생각했을 것이다.

멋진 크리스마스 휴가

별다른 연구성과 없이 한 해를 보낸 미드와 포춘은 1932년 연말에 캠프를 정리하고 정부의 도움으로 주정부 청사가 있는 암분티까지 세픽 강을 따라 400킬로미터의 뱃길에 올랐다. 그들은 암분티에서 크리스마스 연휴를 보낼 예정이었다. 그들은 가는 도중에 그레고리 뱃슨이 일하고 있었던 이아트멀족의 칸카나문 마을에 들렀다. 뱃슨은 그들

남성의 성년식에 사용되는 악어가 새겨진 나무조각품
이와 같은 문두구모어족의 제의 용품은 여성들에게 터부시되었다. 따라서 이것들은 여성들이 볼 수 없는 곳에 보관되었다.

을 자신의 임시거처로 초청했는데, 그 집은 무척 매력적이었다. 그는 미드에게 의자를 내주며 다정하게 말을 건넸다. "매우 피곤해 보이십니다." 그녀에게는 그 말이 최근 몇 달 동안 들었던 말 중에서 가장 친절한 말로 들렸다.

그들 셋은 자신들의 작업을 주제로 매우 오랜 시간 동안 대화를 나누었다. 그리고 그것은 미드가 사모아에서 집으로 가는 배에서 처음으로 포춘과 대화를 나눌 때 느꼈던 흥분을 연상시키기에 충분했다. 그러나 이번에는 두 사람이 아니라 세 사람이었다.

그레고리 뱃슨은 유명한 영국 생물학자의 아들로서, 생물학자로 훈련을 받았다. 그는 문제와 증거를 개념화해 내는 방법, 즉 과학적 방법에 대해서는 정통하고 있었지만, 인류학 지식은 빈약한 상태였다. 개인의 행동을 관찰하는 법을 알지 못했을 뿐만 아니라 장례식과 같은 집단활동을 연구할 때에는 혹시 방해가 될까봐 연구자체를 망설일 정도였다. 그는 자신이 이아트멀 사람들 사이에서 허우적거리고 있다고 느끼고 있었다.

반면에 미드와 포춘은 현장에서 자료를 수집하는 방법을 잘 알고 있었다. 그들은 자신들이 알고자 하는 것을 명확히 한 다음 그것을 추적했고, 관찰대상이 되는 사람들을 화나게 만들면서 정보를 얻어야 할 경우에도 포기하지 않았다. 포춘은 스스로 '사건 분석'이라고 했던 방법을 고안해 냈다. 그 방법은 작고 사소한 행위를 지속적이고 체계적으로 관찰하고 기록하는 것을 뼈대로 하고 있었다.

이처럼 현장연구에서 월등한 미드 부부였지만, 뱃슨의 철학적 깊이에는 압도당하지 않을 수 없었다. 그들은 자료를 모으는 방법을 알고는 있었지만, 그것을 가지고 무엇을 해야할지, 그것을 더 큰 맥락 속에 어떻게 파악해야 할지, 그것에 어떤 의미를 부여할지에 대해서는 별로 아는 게 없었다. 그렇지만 뱃슨은 그런 큰 줄기들을 잡아 내는 데 능숙했다.

그들 세 사람은 암분티의 정부청사에서 열렸던 크리스마스 휴가 파티 중에도 열띤 대화를 이어나갔다. 그 파티에는 국외이주자, 정부관리, 노동자 모집원 등을 비롯하여 총 열일곱 명의 남성과 두 명의 여성들이 참석했다. 그들은 몇 달 동안의 고립생활을 보상받으려는 듯이 떠들썩한 분위기를 만들며 야단법석을 떨고 있었다. 당시 식민지 변방의 관습대로 그들은 저녁식사 이전에 몇 시간 동안 술을 마셔댔다. 그래서 미드는 저녁이 나오기 전에 시장기를 달래기 위해 요리사에게 부탁해 빵과 버터를 얻어야만 했다.

여성이 더 활동적인 챔불리족

여러 날 동안 계속된 파티가 끝난 후, 뱃슨은 미드와 포춘을 자신의 커다란 카누에 태우고 상류로 거슬러 올라가서, 그들이 연구할 만한 부족을 찾는 걸 도와 주었다. 처음에 그들은 바쉬쿡족을 방문했지만, 가는 날이 장날이라고 시기가 좋지 않았다. 사나운 이웃 부족의 침입을 예상하고 있던 그 마을 사람들은 잔뜩 긴장한 채 경계에 힘쓰고 있었다. 포춘은 권총을 꺼내 들었고, 그들 셋은 밤중에 차례로 돌아가면서 불침번을 서야 했다. 미드는 그곳이 현장연구지로는 적절치 않다고 결론지었다.

그들은 일주일 동안 이아트멀 부락에 있는 뱃슨의 캠프에 머물렀다. 그리고 그의 안내를 받아 잘 알려지지 않은 부족인 챔불리족(뒤에 '챔브리' 족이라 불림)을 찾아갔다. 그들은 아임봄 호에 살고 있었다. 호수는 아름다웠고, 호숫가를 따라 수련이 피어 있었다. 호수의 얕은 곳에서는 청색왜가리, 흰색물수리들이 한가로이 쉬고 있었다. 챔불리족은 이아트멀족과 비슷한 문화를 지니고 있었다. 따라서 미드와 포춘은 자신들이 수집한 자료를 뱃슨이 수집한 자료와 비교해 볼 수 있었다. 모든 점에서 그곳은 이상적인 연구지로 보였기 때문에 미드 부부는 그곳에 정착했다. 뱃슨도 자신의 두 번째 캠프를 호수에서 멀지 않은 곳에 세웠다.

미드는 챔불리족에게서 마침내 자신이 보고자 했던 것(남성과 여성의 역할이 다른 문화들에서는 볼 수 없는 모습으로 형성되어가는 것)을 찾아 냈다. 그녀가 찾아 낸 문화는 서구사회에서의 성 역할과는 정반대인 모습을 보여 주었다. 챔불리 여성들은 활달하고 건장했으며, 일을 할 때에는 다른 사람들과 쉽게 협력관계를 구축했다. 여자아이들은 자신들의 어머니처럼 밝고 능력이 뛰어났다. 나중에 미드는 소년이 아닌 소녀들이 사회 전체의 문제에 호기심을 가지고

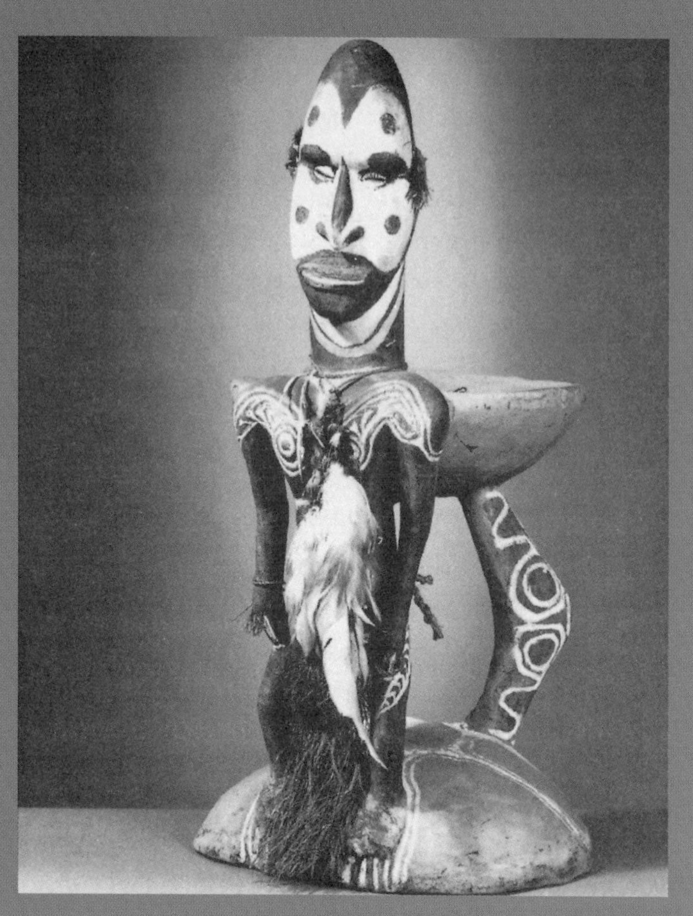

그레고리 뱃슨은 챔불리족이 만든 이 회의용 의자를 미국 자연사박물관에 보내는 데 결정적인 역할을 했다. 이 의자는 힘이 약한 챔불리족이 세픽 강에 사는 한 부족에게 강탈당했던 것을 뱃슨이 대가를 지불하고 다시 사온 것이다.

적극적인 자세로 열심히 알고자 했던 곳은 챔불리가 유일한 곳이었다고 말했다. 챔불리의 소년들은 벌써 아버지들의 행동을 흉내내기 시작했다. 그곳의 아버지들은 대부분의 시간을 주로 호숫가에 있는 커다란 사당에서 나무조각품을 만들고 잡담을 하며 지냈다. 그러면서 그들은 열변을 토했다가 시무룩해졌다가 하면서 자신들만의 격렬한 경쟁심을 불태우고 있었다.

토론 속에서 발견한 새로운 사랑

미드, 포춘, 뱃슨 세 사람은 종종 자신들의 연구결과를 주제삼아 토론하기 위해 모였다. 그리고 각자의 캠프에 떨어져 있을 때에는 장문의 편지를 주고받았다. 그들은 각자의 자료를 함께 비교했고, 성과 기질 그리고 문화 사이의 관계에 대해 대화를 나눴다. 이제 그들은 서로에 대해서 더 잘 알게 되었다. 미드는 자신과 뱃슨의 기질이 많이 닮았다고 느꼈다. 두 사람 모두 아라페쉬족처럼 부모가 자식을 돌보는 것과 같은 심성을 지니고 있었다. 반면에 포춘은 우쭐하기를 좋아하는 성격에, 개인적이고 성적인 경쟁심에 사로잡혀 있었다. 그리고 다른 사람을 보살피려는 마음은 전혀 없었다. 사실, 포춘은 그 자신을 매료시켰지만 미드에게는 혐오의 대상이었던 문두구모어족의 기질에 가까운 성격의 소유자였다.

그들 세 사람은 자신들이 알고 있는 매우 다른 문화들을 분석했다. 그들이 비교하며 분석하고자 하는 문화에는 아라페쉬, 문두구모어, 챔불리, 이아트멀 부족의 문화뿐만 아니라 그 외에 영어를 사용하는 각자의 세 문화(미국, 뉴질랜드, 영국)와 미드와 뱃슨에게는 집처럼 편안하게 느껴졌지만 포춘에게는 그렇지 않은 학계의 문화도 포함되어 있었다.

뱃슨은 특히 각 사회의 에토스에 관심을 기울이고 있었다. 이 때 에토스란 사회의 정서적 경향성을 뜻한다. 그들은 또한 각 사회에서의 남성과 여성의 역할(즉 남성과 여성의 행동방식에 대한 기대치들)을 비교했다.

루스 베네딕트가 미드에게 출간예정인 『문화의 양식들』의 원고를 보내오자 세 사람은 함께 그 원고를 열심히 읽었다. 베네딕트는 『문화의 양식들』에서 각 문화는 인간에게 주어진 가능성들 속에서 특정한 것을 선택하여 강조함으로써, 나머지 특성들을 버리도록 한다는 생각을 발전시키고 있었다. 예를 들어 조화를 강조함으로써 갈등을 경시하는 문화가 있는 반면, 극단적인 감정을 부추기는 문화도 있다. 대부분의 사람들은 자신이 속한 문화에 적응하는 방법을 배우고, 자기 문화로부터 보상받을 수 있는 행동을 하려고 한다. 그러나 타고난 기질이 자기가 속한 문화의 규범과 맞지 않아 소외감을 느끼는 개인들도 항상 있게 마련이다.

미드와 뱃슨은 자신들이야말로 바로 어느 정도 소외감을 느끼는 자들이라고 생각했다. 미드는 자신이 가지고 있는 어린이에 대한 커다란 관심이 미국 직장 여성들의 일반적인 모습과는 다르다는 것을 느끼고 있었다. 그리고 뱃슨은 자신이 일반적인 영국 남성들이 보여 주는 공격적인 행동양식에 맞지 않음을 느끼고 있었다.

세 번째 결혼과 새로운 책들

1933년 봄이 되자 미드, 포춘, 뱃슨 세 사람은 세픽 강을 떠나 각자의 길을 갔다. 특히 미드는 뱃슨에 대한 사랑의 감정을 간직한 채 홀로 뉴욕으로 돌아왔다. 그리고 2년이 채 안 되어 그녀는 포춘과 이혼하고 뱃슨과 세 번째 결혼을 했다.

그 사이에 미드는 두 권의 책을 더 썼다. 1935년에 출간된 『성과 기질』은 그녀가 방문했던 뉴기니의 아라페쉬, 문두구모어, 챔불리 부족에 대한 연구에 기초하고 있었다. 그 책에서 미드는 인간의 본성이란 얼마든지 변할 수 있는 것이라고 주장했다. 우리가 '남성적' 또는 '여성적' 이라고 하는 많은 개별적인 특성들은 사회의 문화적 기대에 의해 규정된 것이다. 그것들은 의복 또는 예의범절이 그렇듯이 생물학적인 특성의 차이와는 거의 관련이 없다. 하지만 일부 비판가들은 어떻게 미드가 자신이 하고 싶은 이야기와 완전히 일치하는 세 부족 사회를 방문할 수 있었는지에 대해 의문을 표시했다. 그러나 그녀는 전통적인 서구의 '규범' 과 반대되는 성 역할을 지닌 한 사회를 강조하기 위해 두 가지 부정적 사례(남성과 여성의 역할이 거의 분화되지 않아 처음에 그녀를 실망케 했던 두 사회)를 이용했을 뿐이었다. 그녀에게 특별히 커다란 행운이 찾아온 것도 아니었고, 일부 비판가들의 말처럼 그녀가 미리 마음 속에 그려 두었던 것을 찾아 낸 것도 아니었다. 그보다 그녀는 자신이 발견한 것을 요령 있게 사용하는 법을 알았을 뿐이다.

『성과 기질』을 완성하고 난 미드는 『원주민들의 협력과 경쟁』을 쓰기 위한 작업에 들어갔다. 그녀가 이 책을 쓰게 된 동기는 통합학문 모임에서 만났던 록펠러재단의 사회과학자 로렌스 프랑크와 정신치료사 해리 설리번 때문이었다. 그들은 원시부족에 대한 문헌들에 그들의 협동과 경쟁에 대해서 어떻게 나와 있는지를 알고 싶어했다. 즉 이런 행동양식들은 인간에게 선천적으로 주어지는지, 그리고 경쟁과 협력 중에서 무엇이 더 많은 사회의 공통된 특징이며, 그것은 어떻게 만들어지는지를.

1934~1935년에 걸쳐 미드는 이 문제를 주제로 컬럼비아대학교 인류학과에서 세미나를 열었다. 그녀와 세미나에 참여한 학생들은 도서관 소장자료와 다른 인류학자가 작성한 보고서를 이용하여 13개 문화에 대한 정보를 수집했는데, 여기에는 미국 원주민 오마하족, 그린란드의 에스키모족, 캐나다의 오지브웨이족, 밴쿠버 섬의 크와키우틀족, 필리핀의 이푸가오족, 아프리카의 바키가족과 바통가족, 뉴질랜드의 마오리족, 그리고 남태평양의 사모아족, 마누스족, 아라페쉬족 등이 포함되어 있었다. 미드는 각

부족들을 묘사하는 몇 장의 글과 전체 요약글을 썼다. 그녀는 이 글에서 매우 경쟁적인 문화가 있는가 하면 매우 협력적인 문화도 있으며, 나머지 문화들은 극단적인 두 문화의 중간에서 조금씩 다른 특징을 띠고 있다고 결론내렸다. 그리고 선천적인 인간의 본성을 추측하여 개괄적으로 결론짓기란 불가능하다고 주장했다.

현장에서 온 편지

미드는 현장연구를 위해 집을 떠나 있는 동안 가족과 친구들에게 많은 편지를 썼다. 편지쓰기는 그녀에게 여러 가지로 도움을 주었다. 편지를 쓰는 동안 그녀는 낮 동안의 작업에서 오는 긴장감을 풀 수 있었다. 그리고 이방인의 삶 속으로 헤매고 다녔던 자기 자신을 다시 추스릴 수도 있었다. 그리고 편지쓰기는 사랑하는 이들과 자신의 경험을 나눌 수 있는 기회이기도 했다.

다음은 그녀가 포춘과 함께 아라페쉬 사람들을 대상으로 현장연구를 했던 1935년 3월 15일에 뉴기니의 알리토아에서 쓴 것이다.

지난 한 주는 이제까지 우리가 겪었던 어느 때보다 민속학적으로 풍성하고 매우 피곤한 시간이었습니다. 발리두는 공정한 식민지 통치자로서 "모든 이의 아버지"라 불리고 있는 사람입니다. 그는 마르고 키가 큰 노인으로 주도면밀하게 분위기를 휘어잡는 성격에 호탕하고 가식적이며 상냥한 미소를 지을 줄 아는 사람입니다.

지난 주에는 그의 열여덟 살난 아들인 바두이의 이른 성년식을 축하하기 위해 큰 잔치가 열렸습니다. 바두이는 열 살과 여덟살에 불과한 어린 두 아내를 두고 있고, 발리두의 맏아들로서 저명인사의 길을 걷고 있습니다. 큰 잔치가 벌어지면 탐바란 사람들이 하우스 탐바란으로 몰려들어 엄청나게 붐비기 때문에 사람들은 이때 다양한 소규모 사업들을 벌일 계획을 세웁니다. 예를 들면 잔치에 참석한 사람들 사이에서 일련의 작은 잔치들, 싸움,

맞고소, 결혼지참금 지급, 점보기 등이 벌어집니다.

이곳에서 200명 이상의 사람이 모이는 일이 왜 그렇게 중요한지를 제대로 이해하려면 이 마을의 지형에 대해 잘 알아야 합니다. 이 마을은 폭이 200미터에 불과하고, 길이가 뉴욕의 한 블록 정도보다 약간 깁니다. 마을 터는 면도날의 등처럼 날카로운 산등성이의 끝을 깎아 내서 만든 진흙 바닥을 몇 년 동안이나 다져서 이루어진 작은 분지에 불과합니다. 마을 사방으로 덤불이 자라고 그 밑으로는 수십 미터씩 급경사를 이루고 있습니다. 마을에는 대략 30가구 정도가 살고 있습니다. 마을 사람들 중 일부는 대나무 위에 세워진 가로 2.5미터, 세로 3미터 정도의 작은 상자모양의 집에서 거주하고, 나머지는 땅 위에 대충 지은 움막에서 지내고 있습니다. 그리고 이 마을은 그 터가 평평하지 않고 몇 개의 작은 층들로 기복이 져 있기 때문에, 비가 올 때마다 홍수가 납니다. 또 모든 먹거리와 땔감, 그리고 요리의 재료나 음식 그릇에 쓰는 나뭇잎들은 여인네들이 앞이마에 매단 그물 속에 담아서 아주 가파르고 미끄러운 산길을 통해 마을로 운반합니다.

발리에서 뱃슨과 함께 4

발리에서는 사진과 같은 화장탑을 세우고 그 맨꼭대기에 시신을 모셨다. 이 구조물은 묘지로 운구된 다음 불태워졌다.

두 권의 책을 쓰고 난 미드는 현장으로 돌아갈 준비를 했다. 1935년 봄에 그레고리 뱃슨이 뉴욕으로 오자 두 사람은 함께 다음 현장연구를 떠날 계획을 세웠다. 그런데 그들이 떠나 있는 동안의 공백을 메꿔 주고, 연구에 필요한 자금을 마련하는 것은 복잡하기 그지없는 일이었다. 다른 나라 출신의 두 사람이 연구계획을 결합하려 하자 그 어려움은 두 배가 되었다. 또 미드는 포춘과의 이혼 문제를 확실히 매듭지어야만 했다.

새로운 동반자와 함께 발리로 떠나다

결국 우여곡절 끝에 모든 준비가 끝났다. 이 과정에서 미드는 뉴욕에 있는 아프리카 출신 사람들의 문화 중심지인 할렘을 찾아가 무당에게 점을 보기도 했다. 위기의 순간이 찾아올 때마다 그녀는 신비주의에 빠져들곤 했다. 할렘의 무당은 그녀에게 뱃슨은 좋은 사람이며 그에게 닭고기를 먹여야 한다고 말했다. 1936년 초반에 미드는 이 충고를 받아들였지만, 자신이 곧 세 번째 결혼을 할 거라는 사실을 부모에게 알리지 않은 채 뉴욕을 떠났다. 자바에서 뱃슨을 만난 그녀는 1936년 3월 13일에 싱가폴에서 결혼식을 올렸다. 그런 다음 그들은 그녀의 현장연구 중에서 가장 큰 행복과 만족스러움을 느꼈던 발리로 떠났다. 미드는 그레고리 뱃슨이야말로 지적으로나 정서적으로나 자신이 그토록 원했던 완벽한 동반자라는 사실을 믿어 의심치

발리
인도네시아 열도에 있는 섬이다. 이슬람화된 인도네시아 중에서 아직도 힌두 문화의 전통을 남기고 있는 섬으로 유명하다. 섬의 북부를 화산대가 관통하고, 최고봉인 아궁 화산을 비롯하여 몇 개의 화산이 우뚝 솟아 있다. 아궁 화산은 지금도 때때로 폭발을 일으켜 많은 피해를 주고 있지만, 옛날부터 발리섬 사람들의 신앙의 대상이 되어 온 성산이기도 하다. 발리섬 사람들은 대부분은 이 비탈면에서 논농사에 종사하고 있다. 섬 전체에는 4600여 개의 힌두 사원이 산재하고 있으며, 주민들의 생활과 밀착해 있다. 발리인의 생활은 개인적인 통과의례에서 사회적 결합의례에 이르기까지 모두 힌두교를 무시하고서는 이해할 수 없다.

그레고리 뱃슨과 마가렛 미드는 혁신적인 연구팀이었다. 뱃슨은 발리에서 미드가 기록한 자료와 병행하고자 2만 5000장 이상의 사진을 찍었다.

않았다. 그는 그녀에게는 다소 부족한 튼튼한 과학적 토대를 갖추고 있었고, 뛰어난 사진작가였으며, 논리적인 글쓰기에 능했다. 마침내 미드는 부모에게 깜짝 놀랄 소식을 담은 편지를 보냈다. 그들이 함께 책을 출판하고, 어쩌면 아이를 낳을지 모른다는 소식을!

정신분열증을 껴안는 사회

정신분열증
조발성 치매증이라고도 하며 정신분열반응이라고도 했던 병이다. 한국에서는 전체 정신병원 입원환자의 3분의 2 이상을 이 환자가 차지한다. 대부분은 사춘기를 전후하여 발병하지만 중년 후에 생기는 유형도 있다.
정신분열병은 환자에 따라서 제각기 다른 증상을 나타내는 듯하지만 대부분 공통적으로 사고과정에서 정상적인 논리과정이 파탄되어 논리적 연결을 잃거나 토막토막으로 단절된다. 그리고 감정표현의 조화가 안 되고, 기분과 생각이 일치되지 않는다. 그 외에도 감정이 둔하게 되며 양면의 극단적인 감정을 동시에 보이며 환자는 병적인 자기 세계 속에 파묻혀서 외부와의 접촉을 차단하는 자폐적 증세를 보인다.

미드의 이번 연구목표는 어린이들의 성장 과정이었다. 그녀는 특정 사회의 성인이 되기 위해 어린이들이 어떻게 성장하는지를 알고 싶었다. 예를 들어 어린이들은 어떤 과정을 거쳐 발리인 또는 중국인, 아니면 미국인이 되는지가 궁금했다. 특히 어린 시절의 교육이 성인이 된 후까지의 성격 형성에 미치는 영향을 알고 싶었다. 그렇지만 공식적으로 내건 프로젝트의 이름은 그들의 연구목표와 같지 않았다. 왜냐하면 그들은 정신분열증의 문화적 맥락을 연구하기로 하고 지원금을 받았던 것이다.

정신병에 대한 아이디어의 일부는 다른 문화에서의 정신병에 대한 정보를 수집하고자 했던 루스 베네딕트로부터 얻은 것이었다. 당시 미국에서는 현실감각이 없어지면서 생생한 환상과 환청에 시달리는 정신분열증 환자가 늘어나고 있었다. 그런데 발리인들 중에서도 이와 비슷한 증상을 보이는 사람이 있었다(그들은 종종 무아지경에 빠졌고, 그 속에 자신을 내던지는 경향이 있었다.) 하지만 발리 문화 속에서 그들은 정상인으로 간주되었다.

정신분열증은 특정한 육아법에서 비롯된 것이 아닐까? 그리고 미국에서의 정신분열증도 어떤 육아법에 의해 생겨나거나 촉진되는 것이 아닐까? 미드와 뱃슨은 이런 궁금증을 안고 발리로 떠났던 것이다.

새로운 인류학을 창조하기 위하여

당시 보아스는 미드와 뱃슨이 제스처를 연구해 주기를 바랐다. 제스처는 그가 미국과 캐나다의 북서부 해안에 사는 크와키우틀족과 다른 인디언들을 대상으로 연구하고 있었던 테마이기도 했다. 결국 미드와 뱃슨은 제스처와 육체언어를 발리에서 시행하는 현장연구의 주요과제로 삼기로 했다.

미드는 발리의 문화가 자신이 이전에 연구했던 문화들과는 완전히 다름을 느꼈다. 그녀와 뱃슨은 이제 전혀 다른 형태의 문화를 기록할 수 있게 된 것이다. 그들이 공유했던 목표들 중에서 가장 중요한 것은 새로운 인류학 연구방법을 창조해 내는 것이었다. 미드는 손으로 기록하여 엄청난 양의 자료를 만드는 데 능통했다. 그녀는 종이를 보지도 않고 글을 쓸 수 있을 정도였다. 그러나 뱃슨은 훨씬 더 과학적인 증거자료를 남기고 싶어했다. 그는 연구대상인 부족 사람들과 상호작용하는 과정을 문자화된 자료는 물론이고, 활동사진과 정지사진 모두를 포함한 사진자료

제스처
전달하고자 하는 사물의 가장 눈에 띄기 쉬운 윤곽이나 전달하고자 하는 행위의 뚜렷한 특색을 손이나 팔, 머리 또는 몸 전체의 동작으로 나타내는 것이다. 이들 제스처는 인간의 수렵 시대나 교역 시대에 언어가 통하지 않는 부족 간의 의사소통 방법으로 쓰였다.

로도 남길 수 있었다. 사진은 그들과 다른 학자들 모두가 반복적으로 연구할 수 있는 내구성이 뛰어난 자료로서 가치가 있었다.

아름답고 흥미로운 섬, 발리

이슬람교
7세기 초에 아라비아의 예언자 마호메트(이슬람어로 무하마드)가 완성시킨 종교이다. 그리스도교나 불교와 함께 세계 3대 종교의 하나이다. 전지전능의 신 알라의 가르침이 대천사 가브리엘을 통하여 마호메트에게 계시된 유일신 종교이다. 유럽에서는 창시자의 이름을 따서 마호메트교라고 하며 한국에서는 이슬람교 또는 회교로 불린다.

힌두교
인도에서 고대부터 전해 내려오는 바라문교가 복잡한 민간신앙을 섭취하여 발전한 종교이다. 인도교라고도 한다. 힌두교를 범인도교라 함은 힌두가 인도와 동일한 어원을 갖기 때문이다. 아리안 계통의 바라문교가 인도 토착의 민간신앙과 융합하고, 불교 등의 영향을 받으면서 300년경부터 종파의 형태를 정비하여 현대 인도인의 신앙 형태를 이루고 있다.

뉴기니를 거친 후에 찾아간 발리는 현장연구를 위한 낙원이었다. 그들이 연구했던 뉴기니 부족들의 사람 수는 기껏해야 수백 명이었고, 많아야 수천 명이 고작이었다. 하지만 발리 섬에는 100만 명 이상이 거주하고 있었다. 그리고 인도네시아인들 대부분이 이슬람교도들인데 비해, 발리인들은 대부분 힌두교도였다. 그래서인지 그들의 문화는 복잡하고 다양한 면이 있었다.

미드와 뱃슨은 아침 일찍부터 저녁 늦게까지 부족의 의식을 알리는 피리, 심벌즈, 북, 징 등의 악기소리에 둘러싸여 지냈다. 그날그날 시기에 맞춰 다양한 의식이 있었고, 민속극 공연, 사원 봉헌, 그림자 연극, 무아지경 춤, 닭싸움 등이 벌어졌다. 발리에서는 뉴기니에서 종종 그랬던 것처럼 "아무것도 일어나지 않고 있다"는 불평을 내뱉을 구석이 전혀 없었다.

무엇보다 발리에서는 고립되어 있다는 느낌도 들지 않았다. 발리에는 그곳의 자연과 사람, 그리고 문화의 아름다움에 반해 해외에서 이주해온 흥미로운 미술가와 무용가 공동체가 있었다. 독일 출신의 화가 발터 스파이스는 미드와 뱃슨을 위해 작은 집을 구해 주었고, 하인들을 구하는 것도 도와 주었다. 뉴욕 출신의 제인 벨로와 콜린 맥피는 발리의 음악과 춤을 연구하고 있었는데, 의식이 있을 때면 미드와 뱃슨에게 알려 주기로 약속했다.

많은 발리인들은 몇 개의 언어를 구사할 수 있도록 교육을 잘 받았기 때문에 그들로부터 도움을 받기도 쉬웠다. 미드와 뱃슨은 아이메이드캘러(I Made Kaler)를 비서로 채용했는데, 그는 영어를 포함해서 5개의 언어를 구사할 줄 알았고 발리 지역의 말을 하고 쓸 줄도 알았다. 그는 미드와 뱃슨에게 없어서는 안 될 존재가 되었다. 발리인들의 의식이 벌어지는 현장에서 미드가 영어로 기록하고 뱃슨이 사진을 찍으면 그는 그 지역 말로 기록했다. 나중에 세 사람은 각자 작업한 것들을 서로 맞춰봄으로써 사건에 대한 이해를 높일 수 있었다.

발리에는 또 다른 장점이 기다리고 있었다. 섬의 경치가 아름다웠고, 길도 편안했다. 미드는 약한 발목에 대한 불안감을 털어 내고, 발리의 거의 모든 길을 걸어다닐 수 있었다. 그곳 하인들은 일을 잘 하는 편이었는데, 식사 때가 되면 고기나 생선과 함께 향긋한 양념이 곁들여진 맛있는 쌀 요리를 준비했다. 그때까지 미드에게 현장연구에서 하는 식사란 그야말로 생존을 위한 것일 뿐이었다. 그래서 연구가 끝나고 나면 보통 11~18킬로그램이 빠지곤 했다. 그러나 발리에서는 식사 자체가 즐거움이었다. 무엇보다도 그런 작업조건 속에서 2년 동안 지낼 수 있다는 것이 미드와 뱃슨에게는 사치에 가까운 것이었다.

바조엥 제데의 수줍어하는 사람들

미드 부부는 도시화되어 복잡한 평원의 중심에서 멀리 떨어진 바조엥 제데의 작은 산골마을에 정착했다. 그것은 그 마을이 상대적으로 원시적인 상태의 단순한 문화를 유지하고 있어 연구가 쉬울 것이라고 생각했기 때문이다. 바조엥 제데는 간선도로에서 벗어나 있었고 주민 수는 500명에 불과했으며, 포장된 도로나 전기, 상하수도 시설이 갖추어져 있지 않았다.

그들이 그 마을에 정착한지 얼마 지나지 않았을 때였다. 뱃슨의 홀어머니가 6주 동안 그들을 방문하기 위해 영국에서 왔다. 뱃슨의 어머니는 며느리감을 만나보고자 했던 것이고, 그래서 미드도 시어머니에게 잘 보이려고 애썼다. 미드와 뱃슨은 어머니가 머무는 동안 황금문이 달린 집을 빌렸고, 어머니를 위해 공연해 줄 가극단도 고용했다. 발리는 작은 마을에서조차 문화적 풍부함이 차고 넘치고 있었다.

발리인들은 미드와 뱃슨을 반가워하면서도 거리를 두었다. 미드는 그들과 편하게 어울리기가 어렵다는 것을 곧 알아차렸다. 그녀는 이전에는 그런 문제를 경험해본 적이 없었기 때문에 혼란스러웠다. 발리인들은 신중하고 내성적이었으며, 잘 나서지 않는 성격이었다. 그래서 심지어는

미드와 뱃슨은 여러 명의 발리인 미술가들과 이웃해 살았다. 그들은 작업이 진행되는 모든 단계를 관찰했고, 화가들이 그리는 꿈들을 기록했다. 그리고 위와 같은 그림들을 대량 수집했다.

화가 나서 있는 것처럼 보이기까지했다. 그녀는 마을의 개에게 물렸을 때는 너무 화가 나서 감정을 억누르지 못하고 서러움의 눈물을 터뜨렸다. 그러나 그런 와중에도 그녀는 가까스로 감정을 추스린 후, 자신이 화를 낼 때 발리인들이 어떻게 반응하는가를 살펴보았다.

몇 년 후에 그녀는 에세이에서 이렇게 썼다.

> 현장에서 찍은 사진들을 보면 연구대상으로 삼고 있던 사람들의 스타일에 내가 얼마나 잘 적응했는지를 알 수 있다. 발리에서 찍은 사진에서는 띄엄띄엄 앉아 있는 사람들 사이에서 담담하게 앉아 있는 나를 볼 수 있다. 사모아에서 찍은 사진을 보면 잘 차려입은 채 앉아 있거나 서 있는 나를 볼 수 있는데, 사모아의 관습과 그곳에서 나의 지위를 잘 말해 주고 있다. 마누스에서 찍은 사진에서 나는 잔뜩 긴장해서 목에 매달린 한 아이 때문에 질식당해 죽기라도 할 것 같은 표정을 짓고 있다. 아라페쉬에서 찍은 사진 속에서는 내가 그 사람들만큼이나 부드럽고 적극적으로 변해 있다.

미드는 발리인들이 지닌 대부분의 성향을 사회적 접촉에 의한 것으로 설명했다. 그녀는 사회적 접촉의 예로 아이키우기를 들고 있다. 발리의 어머니들은 아이를 곯려 주고는 갑자기 외면해 버리곤 하는데, 그때마다 아이는 기분이 상해서 어쩔 줄 몰라 한다. 그리고 아이는 그런 일을 몇 번 겪은 뒤에 자기방어를 위한 수단으로 뒤로 물러서는 법을 배우게 된다. 하지만 나중에 비판가들은 발리인들이 수

탈을 쓴 배우는 민속극 토펭의 등장인물이다. 발리에서는 신들을 기리기 위한 민속극 공연이 벌어졌다.

줍어하거나 나서지 않는 것처럼 보인 데는 다른 이유가 있다고 주장했다. 그들에 따르면 발리 사회에서도 하층에 속했던 바조엥 제데 사람들의 눈에는 오랫동안 발리의 지배자로 군림했던 네덜란드인과 비슷하게 생긴 미드와 뱃슨이 상층계급으로 보였을 것이다. 따라서 발리인들은 그들과 함께 있을 때 어딘지 당혹스럽고 불편했을 것이다.

밤낮을 가리지 않고 계속되는 작업

뱃슨은 2년 동안의 프로젝트를 위해 75통의 레이카 필름을 준비했다. 그러나 어느 날 오후에 아이와 함께 있는 어머니를 관찰하는 45분 동안에만 3통의 필름을 쓰고 말았다. 그런 속도라면 몇 주일이 채 가기도 전에 필름은 동이 날 것이다. 뱃슨과 미드는 새로운 고민에 빠졌다. 사진촬영을 전제로 세운 연구계획을 바꿀 것인가? 아니면 사진촬영에 자신들이 생각했던 것보다 더 많은 비중을 둘 것인가? 그들은 후자의 길을 택했다. 뱃슨은 돈을 절약하기 위해 필름을 대량으로 구입해서 자신이 직접 잘랐다. 그리고 현상시설을 마련해서 필름을 직접 현상했다.

뱃슨은 특정한 행동에 초점을 맞추어 세밀하게 촬영하기보다는 마구 찍어대듯이 신속하게 셔터를 누를 때 가장 좋은 결과를 얻을 수 있다는 것을 알게 되었다. 뱃슨은 발리에서 처음에 계획했던 2000장 대신에 2만 5000장의 사진을 찍었다. 그리고 그에 따라 미드와 아이메이드캘러가 그 사진들에 붙이는 해설도 덩달아 늘어났다. 그들은 낮 동안에는 발리 사람들을 관찰하면서 사진촬영을 했고, 밤늦게까지 필름을 현상하고 사진에 해설을 붙였다. 그들은 열정적으로 일했고, 연구를 마쳐야 할 시간이 다가오면서 마음이 급해지자 하루 저녁에 1600장을 찍어대기도 했다. 아이메이드캘러는 수십 년 후에도 당시 밤낮을 가리지 않고 이루어졌던 작업과 그들의 놀라운 에너지를 기억해 냈다. 그는 1989년에 이루어진 인터뷰에서 미드와 뱃슨이야말로 자신에게 열심히 사는 삶이 무엇인지를 보여 준 사람들이라고 말했다. 나중에 그는 미드와 뱃슨이 발리를 떠난 후 발리에서 대학으로 성장하게 될 영어 초등학교를 설립했다.

또 다른 문화를 찾아서

미드는 힘든 일을 마치고 나면 친구와 동료들에게 편지를 쓰면서 기쁨을 느끼곤 했다. 항상 그렇듯이 그녀는 편지에서 동료들에게 현장연구에 도움이 될 만한 정보를 전해 주었다. 과테말라로 가는 동료 인류학자에게 보낸 편지에서 그녀는 오지에 가면 그곳 원주민의 옷을 입도록 강력히 권했다. 원주민 옷차림을 하면 좀더 빨리 정착할 수 있을 뿐만 아니라 아이를 다룰 때의 어머니의 행동이라든가 다른 태도들도 보다 쉽게 이해할 수 있도록 도와 주기 때문이다. 또한 "관찰은 했지만 기록해 두지 않은 의식은 완전한 시간낭비"일 뿐이라는 경고도 덧붙였다.

발리에서 2년이 지나자 미드와 뱃슨은 또 다른 문화 속에서 자신들의 새로운 연구기술을 적용해 보고자 했다. 그들은 다른 문화 속에서 찍은 영화와 사진을 발리의 작업과 비교해 보고 싶었다. 그들은 뱃슨이 전에 일한 적이 있었던 뉴기니의 이아트멀을 선택했다. 그때가 1938년이었고, 제2차 세계대전이 다가오고 있었기 때문에 그들에게는 시간이 그리 많지 않았다. 하지만 자료를 비교하고 싶은 갈망이 너무 컸기 때문에 그들은 잠시도 주저하지 않고 떠났다.

미드와 뱃슨이 발리에서 이아트멀로 가기 위해 작은 중국 무역선을 타고 세픽 강을 거슬러 올라가고 있을 때였다. 독일의 독재자 아돌프 히틀러가 체코슬로바키아의 일부를 점령했다는 소식과 함께 영국 수상 네빌 참벨레인이 그것을 묵인함으로써 유럽의 평화를 지키려고 한다는 불길한 뉴스가 들려왔다. 영국에 있는 뱃슨의 어머니는 아들에게 쓴 편지에서 히틀러가 미쳤으며, 부도덕한 사람이라고 했다. 그녀는 남태평양에 있는 섬들에서 얼마나 치열한 전투가 벌어질 것인지 미처 예상하지 못한 채, 자신의 아들과 며느리가 뉴기니에 머물러 있기를 바랐다.

발리의 마을 주민들은 미드와 뱃슨을 떠나보내는 작별의식에서 그들을 그린 그림을 선물했다. 그림 속에서 발리의 화산에서 나온 연기는 "안녕, 행운을!"이라는 글씨를 써보이고 있었다. 그리고 매우 키가 작은 미드가 해변에서 작별춤을 추는 발리인들을 뒤돌아보며 떠나가는 배에 타

제2차 세계대전

1939년 9월 1일에 독일이 폴란드를 침입하자 이에 대해 영국과 프랑스가 독일에 선전포고를 하면서 시작된 전쟁이다. 1941년에는 독일과 소련 사이에 전쟁이 시작되었고, 그리고 태평양 전쟁의 발발을 거쳐 1945년 8월 15일에 일본이 항복할 때까지 전쟁이 계속되었다.

고 있었다. 미드의 옆에는 키가 큰 뱃슨이 서서 그림 하단에 있는 파푸아 뉴기니 사람들에게 열심히 손을 흔들고 있었다. 뉴기니 사람들은 허리만을 가린 채 활, 화살, 창으로 무장하고 있고, 뉴기니의 화산에서는 '환영' 이라는 글씨 모양의 연기가 뿜어져 나오고 있었다.

시끄럽고 열정적인 이아트멀 사람들

미드와 뱃슨은 이아트멀 부족의 마을 중에서 비교적 규모가 큰 탐부남에 캠프를 차리고 다시 열정적으로 일하기 시작했다. 그렇지만 이아트멀 사람들은 악어사냥에 몰두한 나머지 정작 뱃슨이 찍고자 했던 의식에는 별다른 관심을 보이지 않아서 그를 언짢게 했다. 미드와 뱃슨은 주로 이아트멀 족의 어머니와 어린이의 상호작용을 사진과 영상으로 찍었고, 나중에 그것을 발리인들의 행동과 비교하는 데 사용했다.

탐부남에서 그들을 곤란케 했던 또 다른 일은 유럽 선원 일곱 명이 예상치 않게 그들의 캠프를 찾아오면서 벌어졌다. 미드와 뱃슨은 그들이 찾아올 때마다 예의상 하던 일을 멈추고 손님을 맞이할 차비를 해야 했다. 이런 방문을 두고 나중에 미드는 하나의 언어와 문화를 사용하다 갑자기 다른 문화와 언어를 사용해야 할 때면 "거의 육체적 고통"을 느꼈다고 표현했다.

하얀 피부의 사람들이 갑자기 저 멀리 강둑에서 모습을

나타낼 때 보통 미드는 강 위의 집에서 옷을 거의 입지 않은 검은 피부의 이마트멀 사람들에게 둘러싸여 있었다. 그때 그녀는 신경을 곤두세우고 이아트멀의 말로 악어 고기를 나누는 방법과 같은 그들만의 관심사에 대해 이야기를 나누고 있기가 십상이었다. 그런데 이때 갑작스럽게 백인이 등장하면 그녀의 주의는 흐트러졌다. 이제 그녀는 이아트멀 사람들과 나누는 대화를 그만두고 낯선 사람들을 어떻게 대접해야 할지를 고민해야 했다.

미드는 다른 사람과의 관계가 너무 억제되어 있고 무뚝뚝했던 발리인들에 비해 외향적이고 싸우기 잘하는 이아트멀 사람들과 함께 지내는 것이 즐거웠다. 그들은 하루종일 서로에게 욕을 해대고, 짜증내며 화를 냈다. 이아트멀족의 집, 의복, 도구는 매우 단순했지만, 다른 것에서는 매우 정교했다. 미드는 가족과 친구들에게 부친 편지에서 그들을 "웃지 않으면 화나서 소리치고 있는, 놀기 좋아하고, 무책임하고, 열정적인 사람들"로 묘사했다. "두 가지 형태의 행동은 어느 정도 서로를 대체하는데, 이아트멀 사람들에게는 거의 똑같은 만족감을 주는 것처럼 보인다. …… 어떤 사람이 화를 터뜨리면, 구경꾼들은 입이 째지도록 웃는다. 그들은 마치 이곳이 격하게 화를 낼 수 있는 세계라는 사실에 안도감을 느끼는 것 같다. 이아트멀 사람들은 이제까지 내가 봐왔던 그 누구보다도 화를 즐기는 사람들이다."

드디어 어머니가 된 미드

뉴기니에서 8개월을 보낸 후, 미드와 뱃슨은 뉴욕으로 돌아왔다. 그리고 미드는 자신이 임신했다는 사실을 알게 되었다. 그녀는 바로 박물관에 휴가를 냈다. 오랫동안 아이를 원해왔던 그녀는 그 동안 여러 차례 유산을 했던 경험이 있었기 때문이다.

1939년 8월에 독일은 마침내 폴란드를 침공했고, 그 다음 달에 영국과 프랑스가 독일에 선전포고를 했다. 유럽에서 제2차 세계대전이 발발한 것이다. 뱃슨은 조국을 위해 헌신하고자 영국으로 급히 떠났다. 뉴욕에 남은 미드는 1939년 12월 8일에 딸 메리 캐서린 뱃슨을 낳았다. 미드는 곧 미국에서 가장 유명한 육아 전문가가 될 벤자민 스폭 박사를 메리의 담당의사로 정해 두었다. 미드는 아동발달에 있어서 전문가로 알려져 있었기 때문에 육아원의 간호사들도 그녀가 원하는 것을 할 수 있도록 해주었다. 우선 미드는 메리의 탄생과정을 영상에 담았고, 나중에 그것을 연구했다. 또 당시 많은 의사들이 네 시간마다 한 번씩 젖을 먹이라고 했지만, 메리는 아이가 배고파 울 때마다 젖을 먹여야 한다고 주장했다.

한편, 영국으로 간 뱃슨은 이렇다 하게 전쟁에 기여할 수 있는 길이 없음을 알고 맥이 빠져 버렸다. 그러다가 옛 스승에게 자신의 고민을 털어 놓았는데, 스승은 그에게 미국으로 돌아가서 발리에서 시작한 일을 끝내라고 충고했다. 뱃슨은 스승의 말을 따랐다. 메리 캐서린이 태어난 지 6주가 지났을 때 뱃슨은 뉴욕으로 돌아왔다.

미드와 뱃슨의 공동 작품, 『발리인의 기질』

1942년에 미드와 뱃슨이 공동으로 쓴 『발리인의 기질: 사진분석』이 출간되었다. 그 책은 완전한 공동작업의 결과물로, 모두 759장의 사진과 사진 각각에 대한 많은 분량의 설명이 들어 있다. 뱃슨은 공동연구를 바탕으로 사진에 대한 설명과 해석을 썼으며, 미드는 책의 서문과 맺음말을 썼다.

몇몇 인류학자들은 『발리인의 기질』이 미드의 최고작품이라고 주장한다. 왜냐하면 이 책은 그녀의 다른 책들과는 달리 논리적 구조와 이론적 정교함이 고루 갖추어져 있기 때문이다. 그러나 이 책도 아무런 비판을 받지 않은 것은 아니다. 1980년대에 두 명의 정신과의사들(한 명은 미국인이고 다른 한 명은 발리인)이 미드와 뱃슨의 관찰결과를 시험하기 위해 발리인의 기질을 새롭게 연구했다. 이 의사들은 미드가 어린이들 사이에서 나타났다고 보고했던 무기력증이 사실은 앞선 연구자들이 미처 알지 못했던 병(영양실조와 종종 흥분과 무기력을 일으키는 만성 회충 전염병)에 기인한 것이라고 주장했다. 그들은 미드와 뱃슨이 전형적인 발리인의 기질을 정신분열증으로 특징짓는 것과 발리인들의 육아법이 무기력증과 정신분열증세의 원인이라고 특징

짓는 것에 반대했다.

1980년대에 이르러 정신분열증은 환경적 요소, 특히 스트레스에서 올 수도 있지만, 대개는 생물학적이고 유전적인 요소 때문에 생겨나는 질병으로 밝혀지고 있다. 그러나 『발리인의 기질』을 비판하는 사람들조차도 발리인들의 생활방식에 대한 기록과 묘사를 담은 이 책이 민속학적인 작업으로서 가치가 있다는 것만큼은 인정하고 있었다. 이 책은 분명 미드의 열정과 관찰기술, 그리고 뱃슨이 지닌 철학적이고 과학적인 깊이가 만나 빚어진 훌륭한 작품이었다. 그리고 미드가 아름다운 섬에서 열렬히 사랑했던 남자와 함께 자신의 삶에서 가장 뜨겁게 연구에 몰두했던 시기에 거둔 성과물이기도 했다. 나중에 미드는 그 시기에 대해 "인류학자의 현장연구에 모델이 될 만한 시간을 보낼 수 있어서 좋았다"고 자서전에서 썼다. 그리고 "전 생애가 단 몇 년으로 압축되었던 강렬한" 시기라고도 털어놓았다.

사랑과 열정이 빚어 낸 작품들

뱃슨이 찍은 사진이나 영상과 미드의 기록은 다른 선구적인 작품을 생산하는 데도 사용되었다. 1940년 말엽에 미드는 젊은 다큐멘터리 사진작가인 프란시스 쿡 맥그레거에게 뱃슨이 발리에서 찍었던 4000장의 사진을 분석해 달라고 요청했다. 맥그레거는 며칠 동안 사진들을 살펴본 다음, 발리인들의 몇 가지 특징적인 몸 자세와 손동작을 구분해 냈다. 이 발견은 미드를 매료시켰고, 그녀와 맥그레거는 『성장과 문화』라는 책을 함께 썼다. 그들은 그 책에서 어린이들이 자라면서 특정한 언어를 배우는 것과 같이, 자신들의 몸을 특정한 방식으로 움직이는 법을 배운다는 사실을 입증해 보였다. 그 책이 나오기 얼마 전에 프랑스 인류학자인 마르셀 모스는 수영의 영법조차도 나라마다 다르다고 주장한 바 있었다.

미드와 뱃슨은 교육용으로 여러 개의 단편 흑백영화를 만들기도 했다. 그들이 함께 만든 영화로는 〈세 문화에서의 아이 목욕시키기〉, 〈카바의 첫해〉(발리에서 초기단계 연구), 〈발리와 뉴기니에서 유년시절의 경쟁〉, 〈뉴기니 아이의 첫 생애〉, 〈발리에서의 무아지경과 춤〉 등이 있었다. 그것들은 모두 흥미진진했고, 영화가 시각자료로 사용될 수 있을 뿐만 아니라 연구의 도구로도 쓰일 수 있음을 보여 주었다. 특히 〈세 문화에서의 아이 목욕시키기〉는 인류학 분야의 고전으로 손꼽힌다. 이 영화의 상영시간은 총 9분으로 아이를 목욕시키는 이아트멀 어머니, 1930년대와 1940년대의 미국 어머니, 그리고 발리의 어머니를 보여 준다. 이 영화에서 목욕을 시키고 있는 각 문화의 어머니들은 모두 제스처와 얼굴 표정이 달랐다. 이아트멀 어머니는 조심성이 없었고, 미국 어머니는 지침대로 목욕이라는 일을 완수하는 것에 온통 신경이 쏠려 있었다. 반면에 발리 어머니는 아이의 목욕에는 별로 관심이 없어 보였고, 아이가 어떻게 되든 거의 상관없다는 투였다. 미드와 뱃슨은 아이에 대한 어머니의 태도조차(그리고 아이들의 반응들도) 많은 부분이 문화적으로 정형화되어 있음을 보여 주고자 했다. 비언어적 몸 동작들도 그 자체가 하나의 의사소통체계인 것이다.

미드는 뱃슨과 함께 자신의 경력에서 가장 만족스런 현장연구를 수행했다. 또 그들 사이에서는 미드가 오랫동안 원했던 아이가 태어났다. 하지만 이 결혼도 그리 오래 지속되지는 못할 터였다.

5 전쟁 중인 조국을 돕다

1944년 12월 15일에 워싱턴 D.C.에서 열린 모임에서 연방사업국 국가 육아 자문회의의 다른 회원들과 자리를 함께 한 미드(왼쪽에서 다섯 번째 서 있는 사람). 미드는 인류학자로서 제2차 세계대전 동안 인도주의적 노력에 동참하고, 평화로운 세계를 지키기 위해 투쟁해야 할 책임감을 느끼고 있었다.

1941년과 1945년 사이에 미국은 고립주의를 버리고 국제사건에 적극적으로 개입하는 쪽으로 입장을 바꾸어 갔다. 제2차 세계대전이 시작되기 전인 1939년에 미드와 뱃슨은 몇 명의 가까운 친구들과 모여 다가오는 전쟁에서 인류학과 심리학이 사람들을 도울 수 있는 방법을 주제로 삼아 토론을 벌였다.

인류학자에게 주어진 의무

미드는 집 밖으로 나가 '원주민'들을 대상으로 연구를 한 지 17년 만에 이제 집으로 돌아올 준비를 마쳤다. 그녀는 이제 인류학자로서 자신에게 주어진 임무가 연구를 통해 알게 된 사실을 자신이 속한 사회문제에 적용하는 것이라고 확신했다. 그녀는 항상 자기 사회의 문제점을 개선하기 위해 멀리 떨어진 사람들을 연구해오고 있었다. 따라서 조국이 미처 준비하지 못한 채 세계 전쟁의 벼랑 끝으로 내몰리는 급박한 위기상황에서 가만히 있을 수만은 없었다.

전쟁의 위협은 미드로 하여금 사고의 폭을 넓히게 했다. 그녀는 "전쟁이 없는 사회를 만들 수는 없을까?" 하고 스스로에게 묻곤 했다. 그리고도 그녀의 의문은 계속되었다. 사회과학자들은 전쟁과 관련된 일에 도움을 줄 수 없을까? 정부기관에서 의사소통이 좀더 원활하게 이루어지려면 어떻게 해야 할까? 정부가 동맹국과 조약을 맺을 때 조언을 해주거나 적국을 분석하는 데 도움을 줄 수 있지 않을까? 전쟁 후에 벌어질 구호나 재건활동, 그리고 국제조직을 만드는 데 도움을 줄 수 있지 않을까?

전쟁을 겪으며 애국자가 된 미드

미드와 뱃슨의 주변에 있던 인류학자들은 문화교류협회를 조직하여 정부에 도움을 주고자 했다. 1941년 12월에 일본의 진주만 공습이 있고 난 후, 미드도 정부를 위해 일하러 갔다. 루스 베네딕트의 제안으로 그녀는 과학자들의 조직인 국립연구소 식습관위원회의 집행위원장이 되었다. 그녀는 박물관에 휴가를 낸 다음 워싱턴으로 갔는데, 주말에는 가족과 함께 시간을 보내려고 뉴욕으로 되돌아왔다.

미드와 뱃슨은 딸 메리 캐서린에게 흠뻑 빠져 있었다. 그리고 딸이 자라는 동안 그녀에 대한 엄청난 양의 기록과 영상물을 남겼다. 그러나 미드와 뱃슨은 각자 해야 할 일들이 많은 바쁜 사람들이었다. 그들은 열네 살짜리 아이를 둔 영국인 헬렌 버로우스를 캐서린의 보모로 채용하여 그녀에게 육아의 대부분을 맡겼다.

미드는 아이를 대가족 분위기에서 키우고자 노력했다. 그래서 메리 캐서린이 두 살이 되자 미드 가족은 로렌스와 메리 프랑크 부부가 소유하고 있는 도시형 주택의 1층으로 이사를 갔다. 그 집은 그리니치 빌리지 내의 페리가에 있었다. 로렌스 프랑크는 록펠러재단을 설립하기 위한 회의

딸, 메리 캐서린과 놀
고 있는 그레고리 뱃슨

를 주도했던 사회과학자였다. 그 회의는 심리학자, 인류학자, 사회학자, 심리분석학자 등이 함께 모여 미드가 가장 즐겼던 집단연구를 수행했다. 그녀와 로렌스 프랑크가 전문분야의 관심사에 대한 이야기를 나누는 동안, 메리 캐서린은 젊고 모성애가 강한 메리 프랑크의 보호 아래 무럭무럭 자랄 수 있었다. 프랑크의 대가족은 육아문제에서 미드에게 여러 가지 도움을 주었다. 그리고 그녀가 믿고 있었듯이 그 속에서 살고 있는 어린이들에게도 좋은 환경을 제공해 주었다.

식습관위원회의 책임자가 된 미드에게 맡겨진 임무는 국민들에게 전쟁기간 동안 물자부족으로 인한 제한급식의 필요성을 받아들이도록 도와 주면서 국민들의 영양상태를 개선시키는 것이었다. 전쟁기간 동안에는 고기, 버터, 설탕과 같은 일부 식품들이 공급부족 상태였으므로 각 가정에 제한된 양을 배급할 수밖에 없었다. 미드는 어떻게 하면 미국인들로 하여금 이런 강제적인 식량배분을 받아들이도록 할 수 있는지를 동료 과학자들과 함께 고민하기 시작했다.

1943년에 미드는 식습관 변화에 대한 일련의 실험을 실시하기 위해 아이오와대학교의 유명한 심리학자인 커트 레윈과 팀을 이루었다. 그들은 이웃의 주민협의회를 이용하여 주민들이 서로 식량공급부족에 어떻게 대처하고 있는지를 알 수 있도록 했다. 또 그들은 남는 토마토는 어디로 보내야 하며, 어떻게 하면 잡어인 청어를 이용해 기름

기와 '비린내'가 없으면서도 영양이 풍부한 웨이퍼(살짝 구운 과자)로 만들 수 있는지도 고민했다. 그들에게는 그 외에도 해결해야 할 많은 문제들이 남아 있었다. 미국인들이 단백질의 뛰어난 원천인 콩을 먹게 하고, 식이요법으로 쌀을 먹는 사람을 설득하여 밀가루를 먹게 하는 방법은 없을까? 그리고 공장과 학교에서 식사가 제공된다면 가족의 삶에 어떤 변화가 일어날까? 이런 국내 문제들뿐 아니라 유럽에 식량을 지원하는 것과 관련된 문제들도 해결을 기다리고 있었다. 과연 유럽 사람들은 어떤 먹거리를 원하는가? 위원회는 한 달에 두 번씩 이틀 동안 모임을 가지고 이런 문제들에 대한 답을 찾기 위해 노력했다.

미드는 미국 전역을 여행하면서 위원회 소속의 연구자들을 방문했고, 다양한 종류의 사람들과 식습관과 음식의 선호에 대해 의견을 나누었다. 그녀는 자신의 연구사상 최초로 미국인들을 연구대상으로 삼았다.

사람과 대중매체를 잘 다루는 인류학자

미드는 감각적인 아이디어를 뽑아 내는 데 이미 정평이 나 있었다. 그리고 미국 정부는 이런 미드에게 정책의 많은 부분을 기대고 있었기 때문에 신문이나 라디오에서 그녀의 모습을 접하는 것은 더 이상 낯설지 않았다. 그녀는 언론매체를 활용하여 자신의 아이디어를 제시하는 데에 놀라운 능력을 발전시켜왔다. 그녀는 인터뷰 담당자와 청중들의 질문에 잘 대처하는 이상적인 인터뷰 대상자였다. 그리고 이야기하고자 하는 핵심내용을 능숙하게 전달하기 위해 말하고자 하는 바를 간결하게 요약하여 전달할 줄도 알았다. 미드가 가진 힘의 원천은 자신의 생각을 대중 속으로 퍼뜨리는 능력과 네트워크를 형성하는 능력이었다. 그녀는 이 두 가지를 주춧돌로 삼아 같은 생각을 지닌 사람들을 함께 묶어 세웠다.

미드는 미국 전역을 돌아다니는 여행 중에 중소도시인 조지아 타운에서 음식의 양식을 연구하고 있던 두 명의 젊은 영양학자들을 방문했다. 미드는 그들이 자신을 가장 위대한 여성 인류학자로 부르려 하자 자신은 거기서 '여성'이라는 말을 별로 듣고 싶어하지 않는다는 것을 슬쩍 암시했다. 그리고 그들에게 연구방법과 관련하여 몇 가지 흥미로운 조언을 해주었다. 그녀는 정량적이거나 통계적인 방법을 회의적으로 보고 있었다. 굳이 많은 사람들을 연구하지 않아도 만약 한 사람을 충분히 폭넓게 다룬다면 그 사람으로부터 필요한 모든 것을 알아 낼 수 있다는 것이 그녀의 생각이었다. 즉 열네 명의 다른 사람과 이야기하는 것보다 한 사람과 열네 번 이야기하는 것이 더 낫다는 것이다. 미드의 방문은 젊은 여성연구자들을 들뜨게 했지만, 연구자들은 이내 기진맥진한 상태가 되고 말았다. 젊은 그녀들에게도 미드의 열정, 호기심, 민첩한 정신을 같이 호흡한다는 것은 결코 쉬운 일이 아니었다.

미드는 자신의 관심을 조국으로 돌리는 것을 즐거워했

AND KEEP YOUR

POWDER DRY

An Anthropologist Looks At America

BY MARGARET MEAD

NEW YORK · 1942

WILLIAM MORROW AND COMPANY

미드는 『그리고 만일의 경우에 대비하라』에서 자신의 비판적 시각을 미국 문화로 돌렸다.

다. 그녀는 1942년 여름에 미국에 대한 책, 『그리고 만일의 경우에 대비하라』를 쓰기 위해 3주 동안 전쟁 업무에서 벗어나 있었다. 항상 열렬한 애국심과 미국인으로서의 자부심이 가득했던 미드는 조국이 전쟁에 참가한 이유가 바로 자유를 지키기 위한 것임을 이해할 수 있도록 돕고자 했다. 그녀의 책 제목은 영국 청교도주의자, 올리버 크롬웰의 금언인 "신을 믿고 만일의 경우에 대비하라"에서 따온 것이다.

올리버 크롬웰
(1599~1658)
청교도혁명 당시 국왕 찰스 1세에 맞선 의회진영의 장군이다. 잉글랜드 동부 헌팅턴 출생으로 상류가문의 아들로 태어나, 헌팅턴의 그래머스쿨과 케임브리지대학에서 공부했고, 청교도주의의 영향을 크게 받았다. 그 후 런던의 링컨즈 인에서 법률을 공부하고 1620년에 결혼한 다음 고향으로 돌아와 소유한 영토관리에 전념했다. 이 무렵 신앙에 눈을 떠 회심을 경험하게 되어, 신으로부터 선택받은 사람으로서의 자각을 갖게 되었다고 한다.
1640년에 18개의 정치위원회에 관계함으로써 정치가로서 두각을 나타냈다. 1642년 제1차 내란이 일어나자 동부 연합군 부사령관이 되어 마스턴무어전투에서 승리를 거두었고, 네이비즈전투에서 왕군에게 최후의 일격을 가해 1647년 왕을 사로잡았다.
1649년에 반혁명의 뿌리를 뽑기 위해 국왕 찰스 1세를 처형하고, 왕제와 귀족원을 폐지하여 '공화국 · 자유국가'를 선언했다. 1657년 그에게 왕관이 주어졌으나 이를 거절하였다.

다양한 문화에 대한 통찰력

일부 인류학자들은 한 권의 책으로 복잡한 현대문화를 묘사하려는 미드의 선구적인 노력에 대해 비판적이었다. 하지만 대중들은 그녀의 책을 좋아했다. 미드는 자신의 책에서 미국의 강점과 약점을 지적했다. 그녀는 자신들이 항상 옳다고 믿으려는 미국인들의 욕구에 대하여 조사했다. 그리고 미국인들은 모든 것들을 단일한 척도로 평가한다고 비판했다. 그들은 다른 방식들이 그들 자신의 방법보다 더 나은지 더 나쁜지를 살펴보고, 만약 더 낫다면 그것을 흉내내려 한다. 반면에 영국인들은 어떤 상황에서도 그 상황의 복잡성과 특이함을 보려는 경향이 있다. 그들에게는 자신들의 방식과는 다른 행동방식은 더 좋거나 나쁜 것이 아니라 그저 다른 것일 뿐이다.

미드는 미국과 영국의 육아 방법도 비교했다. 미국 부모들은 어린이들이 적극성을 갖도록 해주고, 독립심과 업적을 향해 나가도록 자극한다. 반면에 영국 부모들은 어린이들이 형이나 언니가 하는 것을 조용히 지켜본 다음에 따라 하도록 시킨다.

미드가 내린 결론은 신중하고 통찰력이 있었다. 그녀는 일단 전쟁이 끝나고 나면 미국인들은 미국 사회에 유입된 많은 문화들 속에서 사람들이 각자 자신의 재능을 발휘할 수 있도록 하는 하나의 문화를 이루어 내야 한다고 생각했다. 그녀는 미국이 단일한 사회를 만들기 위해서는 다양한 계급, 인종, 민족적 배경의 장벽을 극복해야 한다고 생각했다. 그리고 그녀는 서서히 다가오고 있는 글로벌 문화의 지평에 대해서도 느끼고 있었다.

별거 아닌 별거를 하게 된 바쁜 부부

1943년 여름에 미드와 뱃슨은 세 살 짜리 메리 캐서린이 프랑크 가족들과 함께 지내고 있는 동안 뉴욕을 떠났다. 뱃슨은 심리학이 전쟁수행에 어떤 도움이 될지를 탐구하기 위해 워싱턴 D.C.로 향했다. 그리고 미드는 전쟁정보사무국의 명령으로 영국으로 건너갔다.

미드의 임무는 미군과 영국 여성들 사이에서 데이트를 둘러싸고 벌어진 오해의 원인을 밝히는 것이었다. 전쟁기간 동안에는 이처럼 사적인 일도 정부의 관심사가 되었는데, 그것은 동맹국들, 특히 미국과 영국의 조화가 전쟁을 치르는 데 매우 중요했기 때문이다. 미드는 곧 미국 남성들은 여성 파트너가 서로의 관계에 대한 결정권을 쥐고 있다고 생각하는 반면에 영국 여성들은 남성들이 결정권을 쥐어야 한다고 생각한다는 사실을 알아 냈다. 그 결과 서로의 관계는 이상해졌고, 상대방을 부도덕한 사람으로 보기 시작한 것이다.

영국과 영국 사람에 대한 미드의 관심은 전문가 차원의 것이기도 했지만 사적인 것이기도 했다. 그녀는 그 기회에 남편의 조국을 알 수 있었고, 가끔 자신도 놀라게 했던 문화적 오해를 알게 되어 기뻤다. 그리고 자신의 결혼생활에 점철되어 있었던 영국식과 미국식 생활방식 사이의 대조를 살펴보는 작업에 매료되었다. 이제 그녀는 영국에서는 남편이 사회생활과 관련된 일을 계획하지만 미국에서는 아내가 그 일을 한다는 것을 알게 되었다. 이것은 영국인 남편과 미국인 부인으로 이루어진 부부는 사회활동과 관련된 일을 계획할 때 서로 부딪치기 쉽다는 것을 뜻했다. 반면에 만약 아내가 영국인이고 남편이 미국인이라면, 이들은 사회활동에 대한 계획을 세우지 못한 채 정신없이 버둥댈 가능성이 높다.

1943년에 미드가 워싱턴 D.C.에 도착했을 때는 뱃슨은 실론, 인도, 미얀마, 중국을 경유하는 여행을 떠난 직후였다. 그가 아시아의 여러 지역을 돌아보는 것은 미국정보국(O.S.S.)의 요청 때문이었다. 그는 그곳에서 심리전과 관련된 일을 했는데, 주로 적국의 도덕성을 떨어뜨리는 선전선

동을 하는 것이었다. 그는 얼마 동안 미얀마에 있는 한 라디오 방송국에서 일을 했다. 그리고 일본에게 점령된 미얀마와 영국에게 점령된 인도에 대한 원주민들의 반응을 조사하는 현장연구를 매우 만족스럽게 수행하면서 거의 2년을 보냈다.

일본의 항복에 영향을 끼친 원거리 문화연구

미드는 계속 워싱턴에 살면서 주말이면 딸과 함께 지내기 위해 뉴욕으로 돌아왔다. 그녀는 여전히 식습관위원회에서 일을 했고, 남태평양으로 파견될 공무원들을 대상으로 하는 짧은 교육과정을 진행했다. 그녀와 루스 베네딕트는 어떻게 하면 인류학자들이 전후 세계에 도움을 줄 수 있을까를 고민했다. 1944년에 미드는 자신처럼 국제문제에 문화적 접근방법을 적용하는 일에 관심을 가진 젊은 인류학자들에게 재정지원을 하기 위해 이(異)문화연구소를 세웠다. 이 연구소는 처음에는 개인 후원자들로부터 지원을 받아 연구자금을 지원했지만, 나중에는 미드가 연설과 책으로 벌어들인 수입으로 대신했다.

전쟁 기간에 미드와 협력관계에 있었던 인류학자들이 이루어 낸 작업 덕분에 원거리문화연구 프로그램이 더욱 발전하게 되었다. 이 프로그램을 수행하는 인류학자들은 전쟁 또는 정치 때문에 고립된 국가나 문화를 연구하기 위해서 그 문화에서 온 이주자들과 인터뷰하는 방법을 사용했다. 또 그 외에도 영상물, 소설, 자서전, 미술, 육아법이나 기타 다른 소재들을 동원하여 원거리에서도 다른 문화를 연구할 수 있다는 것을 보여 주었다. 루스 베네딕트는 전쟁이 벌어지는 몇 년 동안 이런 방법을 써서 동맹국과 적국에 대한 인류학적 보고서를 준비했다.

원거리 문화의 성과 중 대표적인 것으로는 제2차 세계대전 말엽에 미국 정부가 일본의 항복과 점령조건이 나치 독일에 대한 것과는 달라야 한다는 권고를 받아들일 수 있게 된 것이다. 인류학자들은 일본인들의 천황에 대한 믿음이 너무 강하기 때문에 천황을 폐위하는 것은 강한 저항을 불러올 수 있다고 주장했다. 이 권고는 그대로 받아들여졌다. 그래서 1945년에 전쟁이 끝났을 때, 미국은 일본의 항복 조건에 천황제의 존속을 집어넣었다. 일본사람들은 천황이 "받아들일 수 없는 것을 받아들이라"는 명령과 함께 항복한다는 포고령을 선포하자 그대로 따랐다.

동시대의 다양한 문화에 대한 연구

전후에 미드와 베네딕트는 원거리문화 연구의 경험을 바탕으로 동시대문화 연구를 하겠다고 제안했다. 그러자 1947년에 해군연구소가 두 사람의 연구에 10만 달러에 달하는 연구비를 지원하겠다고 나섰다. 두 사람은 처음에는 베네딕트가 조교수로 있었던 컬럼비아대학교에 연구본부를 설치했다가 나중에는 자연사박물관에 있는 미드의 사무실로 본부를 옮겼다. 미드와 베네딕트는 인류학자의 역할을 하게 될 120명을 고용하여 중국, 프랑스, 소련, 체코슬로바키아, 시리아, 폴란드, 동유럽 등에서 온 이주민들을 대상으로 인터뷰를 하도록 했다.

동시대문화 연구는 미드가 1930년대부터 해오고 있었던 인류학의 새로운 분야인 '문화와 기질'에 대한 연구의 일부가 되었다. 그녀와 다른 학자들은 각 문화나 문명은 육아법과 일반적인 문화적 에토스를 통해 독특한 기질을 형성한다고 주장했다. 따라서 인류학자는 특정 문화의 지배적인 성격구조와 기질을 묘사하기 위해서 인류학, 심리학, 정신의학, 어린이 발달 연구 등을 바탕으로 한 연구 결과를 통찰력의 원천으로 사용할 수 있어야 한다. 그런 국가적 특성연구 중에서 가장 유명한 것으로는 루스 베네딕트가 일본에 대해 쓴 책 『국화와 칼』(1946)을 들 수 있다. 베네딕트는 전쟁기간 동안에 정부를 위해 일하면서 이 책을 쓰기 시작해서 전쟁이 끝난 다음에 완성했다. 그런데 그녀는 일본어를 몰랐을 뿐만 아니라 일본에 가 본 적도 없었다.

이 분야의 연구에서 가장 큰 논쟁거리는 미드의 좋은 친구이기도 했던 영국의 인류학자 제오프리 고어의 "포대기 싸기 가설"이었다. 전쟁기간 동안에 고어는 "일본인의 성격구조와 선전"에 관련된 비망록을 쓴 바 있었다. 전후에 그는 자신의 논문에서 러시아인들은 아기를 포대기에 너무 단단하게 싸서 키우기 때문에 전제적이고 의심을 잘하는 성격으로 자란다고 주장했다. 그리고 포대기에 단단하게 싸여진 아기는 의지할 데 없다는 느낌 속에서 복종심을 키우게 되고, 그 결과 그런 감정이 좌절감과 분노를 불러일으킨다는 것이다. 이 가설은 구속이란 참을 수 없는 것이지만, 동시에 강력한 힘의 소유자가 분란을 불러일으키는 것을 막기 위해서는 반대로 구속이 필요하다는 러시아인들의 생각을 설명해 주었다. 그런데 전문가들 사이에서 이 분석이 복잡한 사회를 지나치게 단순화시켰다는 비판이 일면서 이와 관련된 분야의 위상도 함께 추락하고 말았다.

나중에 미드는 그 가설은 아기를 포대기로 싸는 것이 러시아인들의 기질을 결정한다는 사실을 강조하고자 한 것이 아니라고 했다. 다만 포대기로 싸는 것과 같은 행동이 러시아의 문화양식을 어린이들에게 전달할 수 있는 방식들 중 하나라는 사실을 말하고자 했던 것뿐이라고 주장했다.

6
은퇴하고 싶지 않은 유명인사

미드는 여러 곳을 돌아다니며 수많은 강연를 했다. 그녀는 청중들에게 도전적인 질문을 던지는 것을 즐겼고, 종종 논쟁거리를 만들거나 지나친 말을 해서 듣는 이들을 깜짝 놀라게 했다.

1940년대 후반부로 접어들자 미드의 삶에 변화의 바람이 불어왔다. 미드는 제2차 세계대전을 겪으면서 인류 전체의 삶의 조건이 바뀌었고, 이에 따라 모든 사람의 삶이 달라졌다고 즐겨 말했다. 그런데 그녀의 이런 총체적인 관찰은 사실 자신의 삶에서 일어났던 쓰라린 변화를 전세계적인 조건으로 확대시킨 것이다.

슬픈 이별들

그레고리 뱃슨은 1945년에 영국에서 돌아왔지만, 자신보다 정력적이고 유명한 아내의 삶을 쫓아 생활하는 것이 불편했다. 그래서 그들의 별거 생활 기간은 점점 길어졌고, 결국 1950년에 이혼을 했다. 이제 40대 후반이 된 미드는 진정으로 사랑했고 존경했던 남편이었을 뿐만 아니라 가장 환상적인 현장연구를 함께 했던 동료를 떠나보냈다. 그녀는 어린 딸과 함께 남겨진 홀어머니 신세가 된 것이다.

미드는 캐서린의 육아에 커다란 도움을 주었던 다양한 형태의 대가족을 전쟁기간 동안에도 계속 유지해나갔다. 미드와 캐서린은 뉴욕 페리 가에 있는 집에서 로렌스 가족과 함께 살고 있었는데, 여름에는 모두 다함께 뉴햄프셔주의 클로버리로 옮겨갔다. 미드는 캐서린이 학교에서 돌아오는 오후 시간이면 누군가는 반드시 집에 있다는 것을 확신시켜 주기 위해 복잡한 스케줄을 짜야만 했다. 그리고 가능하면 캐서린의 아침과 저녁은 손수 준비해 주려고 노력했다. 또 캐서린에게 "마리 이모"로 통하던, 그녀의 대학 친구인 마리 에이첼베르그는 미드 모녀의 삶에 있어서 또 하나의 중심축이었다. 그녀는 수선일에서부터 은행업무까지 미드와 캐서린을 위한 일이라면 발벗고 나서서 도와 주었다.

1948년에 루스 베네딕트가 숨을 거두었다. 미드는 슬픔에 잠긴 채 끝없이 흐느꼈다. 미드가 쓴 모든 글을 읽었을 뿐만 아니라 베네딕트 자신이 쓴 모든 글을 읽게 해주었던 최고의 친구가 가버린 것이다. 그녀는 자기 딸에게 죽음이 아름다울 수 있다는 것을 보여 주고자 아이가 자신과 함께 베네딕트의 시신을 직접 볼 수 있도록 해주었다.

여성으로서의 삶에 대한 날카로운 인식

1949년에 출간된 『남성과 여성』에서 미드는 자신이 새롭게 느낀 모성의 중요성에 대해 쓰고 있다. 무엇보다도 중요한 것은 남성은 아이를 낳을 수 없다는 사실이다. 그것은 정형화된 문화적 가공물이 아니라 생물학적 필연성이다. 『남성과 여성』은 미드의 책 중에서 내용이 가장 복잡하다. 그녀는 그 책에서 남성과 여성에게 선천적으로 주어진 기질과 문화에서 습득한 것에 불과한 기질을 구분하려고 했다. 그 과정에서 미드는 남성과 여성의 행위에 대한 문화적 기대가 서로 다르다는 사실을 설명하는 데 있어서 모성에 관심을 기울일 필요가 있음을 강조하면서도, 전후 미국 사회에서 일고 있던 모성에 대한 찬양을 경멸했다.

미드는 『현대여성 : 잃어버린 성』에서 여성주의자들의 투쟁은 노이로제일 뿐이라고 주장한 페르디난드 룬드버그와 메리니아 파남의 입장에 반대했다. 그리고 수동적이고 의존적인 여성다움으로 돌아가야 한다는 그들의 주장을 거부했다. 룬드버그와 파남은 "남근 선망"이 여성 정체성의 핵심을 이룬다는 프로이트의 믿음을 받아들였다. 하지만 미드는 사회가 남근을 지닌 자들에게 주는 특권과 특정 권력에 대한 선망으로 여성들이 고통받는 것은 사실이지만, '남근 자체에 대한 선망' 으로는 그렇게 고통받고 있지는 않다고 맞받아쳤다. 그리고 어린 남자아이들도 여성의 재생산(생식) 능력을 똑같이 선망하고 있을지도 모른다고 주장했다. 그녀는 분명 남성들이 분만을 흉내내는 원시사회들의 특별한 의식이 "자궁 선망"이 발현된 예라고 생각했다.

미드가 자신을 페미니스트(여성주의자)라고 부른 적은 한 번도 없었다. 하지만 여성들이 가정주부, 아이를 키우는 사람, 또한 종종 집밖에서 직업을 가진 사람으로 성장하도록 압력을 받을 때 가해지는 부담을 날카롭게 인식하고 있었다. 그래서 청중들에게도 일하는 어머니들을 도와 줄 사회적인 네트워크가 필요하다는 것을 역설했다. 결국 그녀의 그런 행동들 때문에 현대 여성운동의 할머니라는 칭호가 붙여진 것이다. 그녀는 또한 사람들이 성적인 문제(이성

뿐만 아니라 동성)에 대해서 자유로울수록 삶이 풍요로와질 수 있다고 주장했다.

새롭게 피어난 연구에 대한 열정

1951년에 미드는 일련의 강의를 부탁하는 오스트레일리아에서 걸려온 전화를 받았다. 미드는 전화를 건 사람에게 이렇게 대답했다. "이거 신기한 일이군요. 안 그래도 오늘 아침에 제 딸 캐서린과 오스트레일리아에 가고 싶다는 얘기를 했거든요." 마침 오스트레일리아에 가고 싶었던 미드 모녀는 주저하지 않고 떠났다. 이제 열두 살이 된 캐서린은 그곳의 기숙학교에 등록했다. 그리고 미드는 강의를 하고 전남편인 레오 포춘을 비롯하여 옛친구들을 만나면서 오스트레일리아 대륙 구석구석을 여행했다.

미드는 오스트레일리아에서 지내는 동안 자신과 포춘이 1928년에 현장연구를 벌였고, 『뉴기니에서 성장하다』의 배경이 되었던 애드미럴티 제도에 대한 소식을 듣게 되었다. 그곳은 그 이후에 급격한 변화를 겪고 있었다. 제2차 세계대전 기간 동안에 애드미럴티 제도를 포함하여 여러 섬들에 미군이 진주해 있었는데, 그것이 뉴기니에서 일어나는 급격한 변화의 주요 원인이었다. 그 속에는 자신의 종족을 통일시키고 서구화를 위해 힘썼던 종교지도자 팔리아우에 관한 소식도 포함되어 있었다.

미드는 현장에서 자신이 해야 할 일은 끝났다고 생각하

고 있던 참이었지만, 뉴기니의 변화를 직접 가서 느끼고 싶은 마음이 다시 일어났다. 오십 줄에 들어선 그녀에게서는 새로운 임무를 향한 에너지와 욕구가 불타오르고 있었다. 그녀는 자신의 이런 변화를 "폐경기 후의 열정"이라고 부르면서 전후 최초의 현장여행을 위한 복잡한 준비작업에 착수했다.

추억의 페리 마을을 찾아서

미드의 새로운 현장연구는 2년 후인 1953년에 시작되었다. 그녀와 레오 포춘이 한때 살았던 애드미럴티 제도의 마누스 섬에 있는 페리 마을이 목적지였다. 이번에는 자신의 연구팀원으로 인류학을 전공하고 있는 대학원생 시어도어 슈왈츠와 그의 스무 살 난 부인 레노라가 합류했다. 레노라는 미술가이자 무용수였다.

한편 미드의 딸 캐서린은 뉴욕의 집에 남아 있었는데, 캐서린에게 이 일은 오랫동안 불평거리였다. 1984년에 캐서린은 자신의 가족에 대해 이렇게 썼다. "내가 열세 살이 되던 해인 1953년에 어머니는 난생 처음으로 거의 1년 동안이나 나하고 멀리 떨어져 지냈다."

제2차 세계대전 이후에 마누스 사람들의 삶에 일어난 변화는 미드를 놀라게 하기에 충분했다. 마누스 사람들은 외부세계와 빈번하게 접촉하면서 매우 성공적으로 변하고 있었다.

1928년에 페리 마을 사람들은 나무 기둥이 바다 위로 떠받치고 있는 집에서 살고 있었다. 그리고 옷은 거의 입지 않았고, 개의 이나 조개 목걸이를 돈으로 사용했으며, 조상신을 열심히 섬겼다. 또 그들에게는 저작물이나 지리에 관한 지식도 없었고, 300명 이상의 정치조직도 없었다.

마누스 섬에 일어난 종교운동

미군이 마누스를 주요 상륙거점으로 선정하면서 모든 것이 변하기 시작했다. 병사들은 그 지역의 숲에서 베어온 나무로 수천 미터에 걸쳐 막사를 지었다. 그들은 산을 깎고, 터널을 뚫었으며, 활주로를 만들었다. 그리고 화물선을 통해 엄청난 상륙기지를 만드는 데 필요한 공급물자와 기계를 실어왔다.

미군은 마누스 사람들을 친구처럼 하나의 인격체로 대했다. 이것은 전쟁 전에 그곳의 지배자인 호주인들과 침략자인 일본인들이 그들을 깔보았던 것과는 대조를 이루었다. 나중에 미드가 쓴 글이나 다른 사람들의 증명으로 알 수 있듯이, 미군들은 미국인 병사들과 원주민 사이에 태어난 미혼모 자녀들만을 그곳에 남겨둔 것이 아니었다. 대체로 미국인들은 크게 존경받고 있었다.

미군이 떠난 후에 마누스에서는 '화물숭배운동'이라고 불리는 일종의 종교운동이 벌어졌다. 그 운동의 지도자는 근처에 있는 발루안 섬 출신의 멜라네시아 사람인 팔리아

멜라네시아
오스트레일리아 북동쪽 남태평양의 약 180도 경선에 연이어 있는 섬이다. 멜라네시아는 그리스어로 '검은 섬들'이라는 뜻이며, 뉴기니를 비롯하여 대형 섬이 많다. 낮기온은 섭씨 30~35도이고, 연강수량 2500~3500밀리미터에 이르는 이른바 열대우림 기후지역이다. 주민의 대부분은 원주민인 멜라네시아인이다. 근세에 유럽인이 발견한 후 유럽 각국이 차지해 왔고, 뉴기니의 동반부와 비스마르크 제도, 부건빌 섬 등은 파푸아 뉴기니로서 1975년에 독립했다. 뉴기니의 서반부는 인도네시아의 일부(이리안자야)가 되었으며, 피지는 1970년에 독립했다.

우였다. 그가 벌인 운동은 그 지역의 종교사상(선교사로부터 배운 것을 포함하여)과 전쟁 때의 경험을 결합시킨 것이었다. 팔리아우와 그의 추종자들은 조상신과 예수가 함께 그 섬을 지배하고, 자신들을 노예로 만들었던 호주인들을 내쳤다고 믿었다. 그리고 전쟁기간 동안 미국이 그 섬으로 실어날랐던 엄청난 양의 미국 상품들도 조상신과 예수가 '화물' 속에 넣어 자신들에게 보낸 것이라고 믿고 있었다.

4000년을 뛰어넘은 사람들

팔리아우가 자기 종족을 통일하고 풍요로운 사회를 건설하고자 했던 운동은 차츰차츰 사그러들었다. 하지만 그가 벌인 개혁운동은 마누스 섬 사람들에게 서양문명의 다양한 면모를 받아들여 삶을 개조하려는 욕구를 남겨 놓았다.

페리 마을 사람들도 물 위에 기둥을 세워 만든 집에서 내려와서 서양식의 집들처럼 부엌과 창문을 가진 집을 땅 위에 새로 지었다. 이제 그들은 서양식 옷을 입었고, 라디오를 들었다. 그리고 탄생과 결혼에 관련된 옛 풍습과 터부를 포기했고, 대가를 지불하고 아내를 사는 관습도 버렸다. 덕분에 남자들은 아내를 사느라 몇 년 동안 빚더미에 앉지 않아도 되었고, 대신에 자신들의 짝을 스스로 선택할 수 있는 권리를 포함하여 개인적인 존엄을 주장하기 시작했다. 그들은 마을의 지도자를 선출했고, 현대사회에서 자신들의 위치가 어떠해야 하는지에 대해서도 생각하기 시작했다.

미드에 따르면, 마누스 사람들은 4000년을 단숨에 건너뛰었던 것이다. 돌발적인 급격한 변화가 느린 변화보다 쉽게 일어난다는 것이 그들을 보고 미드가 내린 결론이었다. 이 결론은 마누스 변화를 관찰하고 쓴 『옛날을 위한 새로운 삶』(1956)이란 책의 주제이기도 하다.

마누스 사람들은 미드가 이전에도 자신들에 대한 책을 썼고, 이제 또 새로운 책을 쓰려고 한다는 것을 알고 있었다. 1953년에 그녀와 두 명의 공동연구자들이 도착했을 때, 한 마누스의 지도자는 사람들을 모아놓고 이렇게 말했다. "여러분들의 일거수일투족이 기록되고, 영화화될 것입니다……. 그리고 전 미국이 우리가 새로운 삶의 방식에 성공적으로 적응했는지 그렇지 않은지를 알게 될 것입니다."

옛친구들의 변화된 삶

미드는 자신의 명성을 즐긴 편이었지만, 때로는 그것이 짐이 될 때도 있었다. 1953년에 마누스에서 지내던 어느 날 그녀는 뉴욕에서 급한 전갈이 왔다는 소식을 들었다. 미드는 캐서린이나 가족 중 누군가에게 무슨 일이 생겼을지도 모른다는 두려움 속에서 뉴욕으로 전화를 걸 수 있는 곳을 찾아가야 했다. 결국 그녀는 작은 배로 거친 바다를

마누스의 페리 마을 사람들은 미드와 친했으며, 그녀를 믿고 따랐다. 그녀는 1928년에서 1975년까지 여러 번 그 마을을 찾아갔다.

헤쳐서 일곱 시간이나 걸려 겨우 마누스의 수도 로렌가우에 도착했다. 그런데 그렇게 힘들게 전화가 있는 곳까지 와서 알아본 결과, 다급하게 그녀를 찾는 전화는 뉴욕의 한 광고회사로부터 걸려온 것이었다. 그들은 미드가 담배를 피우는지, 만약 피운다면 무슨 담배를 피우는지를 알고 싶어했다.

미드로서는 이번 현장연구가 마지막이 될 터였다. 그녀는 여섯 달 동안 마누스에 머문 다음, 슈왈츠 부부가 나머지 작업을 마무리할 수 있도록 해주고 그곳을 떠났다. 그러나 그녀는 1964년, 1965년, 1973년, 1975년에 다시 마누스로 돌아가서 옛친구들을 방문하고, 당시 그곳에서 진행되던 현장연구를 점검했다.

1967년에 미드는 문두구모어, 아라페쉬, 이아트멀을 잠깐 동안 방문하기 위해 뉴기니로 되돌아갔다. 그녀는 그런 짧은 기간에 이루어지는 방문을 '현장방문' 이라고 표현했는데, 이것이 실현될 수 있었던 것은 비행기 여행이 가능해졌기 때문이었다.

미드는 다시 찾아간 뉴기니의 곳곳에서 급격한 변화의 조짐들을 볼 수 있었다. 1938년에 그녀와 뱃슨이 살았던 이아트멀의 탐부남 마을은 전쟁 때 폭격을 맞아 위대한 사람들의 집은 물론이고, 그 속에 있던 비밀스런 집기들도 모두 불에 타버렸다.

1967년에 미드는 탐부남 마을을 가로지르다가 작은 사람들의 집은 여전히 남아 있지만, 모두 '목공소' 로 변했음을 알게 되었다. 목공소에서는 마을 노인들이 모여서 세계 미술시장을 상대하는 상인에게 납품하기 위해 조각품을 만들고 있었다. 불과 30년 사이에 이아트멀족에게는 전투와 사람 사냥의 흥분된 일상은 사라지고, "신기한 조각품의 대폭발"이 찾아왔던 것이다. 그들은 조각품을 팔아 벌어들인 돈으로 외국 자동차, 라디오, 담배, 라이터, 손전등, 시계와 같은 생활용품과 아이들이 학교에 입고 갈 옷 등을 사들였다.

지팡이와 망토를 사랑하는 뉴욕의 하숙생

미드와 가까이 지내던 프랑크 가족이 1955년에 보스턴 외곽에 있는 매사추세츠 주의 벨몬트로 이사를 갔다. 그러자 미드는 친구인 인류학자 로다 메트라욱스가 뉴욕 웨버리 가 193번지에 사 둔 3층 건물의 한 층을 쓰기로 하고 거처를 옮겼다. 미드는 그곳에서 1966년까지 살았다. 그리고 메트라욱스가 새로 구입한 센트럴파크 웨스트 211번지의 아파트로 이사를 가자 그녀와 함께 그리니치 빌리지를 떠났다.

미드는 집 때문에 부담을 느끼고 싶어하지 않았다. 그래서 자신을 "친구 집에 얹혀 사는 하숙생"이라고 즐겨 부르곤 했다. 그녀는 집에 머물러 있기보다는 여행할 때가 더 많았다. 그리고 그때마다 호텔방에 머무르기보다는 친구들과 함께 지내려고 했다. 그녀는 오래된 우정을 계속 유지해 나가는 것을 즐겼으며, 인류학자로서 가까이 지내는 가족들과 어린아이들에게 벌어지고 있는 일을 관찰하기를 좋아했다.

미드는 중년에 들어서면서 매우 뚱뚱해졌다. 그런데 그것은 그녀의 명성에 위엄을 더해 주었다. 1960년대부터 그녀는 다시 한 번 약한 발목이 부러지고 나서 길고 끝이 갈라진 벚나무 지팡이를 사용하기 시작했다. 그런데 지팡이를 짚고서 구부정하게 걸었던 것이 아니라 항상 허리를 펴고 당당하게 걸었기 때문에, 그 지팡이는 곧 그녀가 가진 위엄의 상징이 되었다. 그리고 그녀는 어깨에 망토(케이프)두르는 것을 좋아했는데, 처음에는 녹색과 황금색 망토를 두르다가 나중에는 붉은색과 푸른색 망토를 즐겨 둘렀다.

존경스럽지만 두려운 사람

미드는 종종 대학에서 강연을 했고, 여러 번에 걸쳐 수업도 진행했다. 그리고 그런 수업의 대부분은 국립 자연사박물관에서 택시를 타면 쉽게 찾아갈 수 있는 컬럼비아대학교에서 이루어졌다. 그녀의 활동 중심지는 언제나 박물관 사무실이었고, 그곳은 그녀의 집이나 다름없었다.

박물관에서 미드가 하는 작업은 점점 더 많은 보조 연구원들을 필요로 했다. 그녀는 보조 연구원으로 사회과학을

1966년에 자신의 상징인 지팡이를 짚고, 어깨 망토를 걸친 미드가 스위스의 제노바에서 열린 세계교회평의회에서 연설을 하고 있다.

전공하고자 하는 똑똑한 젊은 여성들을 주로 채용했다. 특히 육체적으로 건강하고(그녀를 돕는 일에는 많은 상자와 파일들을 옮기는 고된 일이 포함되어 있었다), 타자실력이 뛰어난 젊은 여성을 선호했다. 그녀는 그들 스스로가 대부분 원했던 것처럼 자신을 돕는 젊은 보조 연구원이 1, 2년 뒤에는 학업을 계속할 것이라 생각했고, 또 그렇게 하는 것을 좋아했다. 그녀는 나중에 계속해서 젊은이들이 자신의 주변을 거쳐 지나가는 것이 시대의 흐름을 따라잡는 데 도움을 주었다고 말했다.

미드와 함께 지내면서 그녀를 거쳐갔던 많은 젊은 보조 연구원들은 미드를 존경하면서도 두려워했다. 왜냐하면 그녀의 엄격한 성격이 거의 전설에 가까웠기 때문이다. 그녀는 그곳이 뉴기니의 섬이든지 뉴욕이든지 가리지 않고 어리석은 말이나 행동에 대해서는 추호의 관용도 베풀지 않았다.

세상살이에 관심 많은 학자, 그리고 고민을 들어 주는 할머니

미드는 그녀의 삶에서 마지막 30년 동안에 너무 많은 분야에서 활동을 했다. 캐서린에 따르면 미드의 작업은 너무 많은 사람들과 공동연구로 연결되어 있었기 때문에, 그녀 스스로도 자신의 활동분야를 명확히 구분하는 것을 포기할 정도였다고 한다. 미드는 계속 정신의학에 관심을 가졌고, 통합학문 모임을 사랑했다. 그녀가 참여하고 있던 조직으로는 세계교회평의회, 유엔, 가족계획협의회, 새연금술사협회, 매사추세츠 우즈홀의 혁신농장이 있었고, 그녀의 친구이자 시인인 네드 오고만이 동부 할렘에 세운 스토어프론트 커뮤니티 학교에도 관여하고 있었다.

1960년대에 이르러 미드는 사람들의 고민을 들어 주고 문제를 해결해 주는 상담에 많은 시간을 바쳤다. 그녀는 대중들에게 인기 있는 지혜로운 할머니와 같은 존재였다.

미드는 세계 곳곳을 돌아다니면서 강의를 했고, 상과 명예학위를 받았다. 그리고 청중들에게 많은 주제에 대해 새로운 의견들을 제시했다. 그녀의 의견이 지극히 평범할 때도 있었지만, 종종 그녀는 독창적이고 과감한 생각으로 자신의 청중들을 깜짝 놀라게 했다.

미드는 16년 동안 로다 메트라욱스와 함께 여성잡지인 《레드북》에 칼럼을 썼다. 그 잡지는 주일예배에서부터 UFO, 여성사제, 여성과 음주문제, 범죄문제에 이르기까지 거의 모든 영역을 다루고 있었다.

관습에 매이지 않으나 무시하지도 않는다

미드는 간혹 과감하고 논란의 여지가 많은 말을 던져서 청중들을 놀라게 했다. 그리고 그녀가 던진 말 중에 일부는 커다란 반향을 불러일으키기도 했다. 그 중에는 "스물다섯 살 이상의 모든 사람들은 다른 나라에서 온 이민자 같다"라는 말도 있었다. 1960년대 후반에 그녀가 종종 했던 이 말에는 젊은이들은 사리분별에 밝고 앞선 세대가 알지 못하는 것을 알고 있다는 뜻이 담겨 있다.

이처럼 미드는 항상 젊은이들 편에 서 있었다. 어느새 그녀는 "서른 살 이상의 누구도 절대로 믿지 말라"고 말하길 좋아하는 반항적인 세대와 동맹을 맺고 있었다. 그녀는 서구의 기술은 세상을 너무도 빨리 변화시켜서 젊은이들만이 그것을 이해할 수 있을 것이라고 생각했다.

미드는 최소한 여덟 개의 다른 문화들 속에서 서로 관련된 현상을 연구해 본 경험을 바탕으로 성과 결혼에 대해 연설하곤 했다. 그녀가 선호했던 아이디어는 예비결혼이었다. 또한 그녀는 연속적인 일부일처제를 선호했다. 여기서 연속적인 일부일처제란 연속적으로 부부관계를 맺지만 협정이 지속되는 한에서만 서로에게 충실한 결혼제도를 뜻한다. 그녀는 사람의 수명이 길어질수록 결혼이 평생동안 지속될 가능성이 줄어든다는 금언을 자주 예로 들었다. 그녀는 사람들이 결혼에 대하여 너무 많은 것을 기대한다고 생각하고 있었다.

미드는 전 남편들은 물론이고, 그들의 새로운 부인들과 잘 지내는 자신을 자랑스러워했다. 특히 캐서린의 아버지인 뱃슨은 딸의 결혼식과 같은 가족행사와 인류학 모임에서 만나곤 했다. 미드는 평생 동안 세 명의 남편을 포함하여 수많은 남성과 여성을 애인으로 두고 있었다. 그러나 그녀는 모든 관계에 매우 신중을 기했고, 겉으로 잘 드러내려 하지 않았다.

미드의 강연은 광범위 한 주제를 대상으로 하고 있었다. 그래서 그녀의 강연을 여러 번 듣는 사람들이 많았다.

미드는 대중들의 입에 오르내리는 것을 두려워했기 때문에 최소한 겉으로는 사회적인 관습을 지키는 데 신경을 썼다. 그녀는 결코 사회적으로 반항자가 아니었다. 무엇보다 그녀에게는 딸 캐서린이 있었다. 그녀는 딸을 데리고 무용강습에도 가고, 딸에게 공식적인 초대에 적절히 답장하는 법을 가르치는 평범한 엄마이기도 했다. 미드는 문화의 풍부함은 그 문화의 구체성에 있다고 믿었다. 따라서 그녀는 모든 이들이 문화적 차이를 인정하고 서로를 존중하며, 각 문화에 있는 양식들을 볼 수 있기를 원했다.

1969년 10월 9일에 미드는 할머니가 되는 기쁨을 누렸다. 메리 캐서린 뱃슨과 그녀의 남편인 존 바르케브 카사르지안 사이에서 손녀딸 세반 마가렛 카사르지안이 태어난 것이다. 그녀는 손녀딸이 태어나면서 자신의 의지와는 무관하게 할머니가 되었다는 사실에 신기해했다. 그녀는 이제 생물학적으로 새롭게 태어난 인간과 관계를 맺게 된 것이다.

대중들인류학 곁으로 불러모으다

미드의 인류학에 대한 공헌은 엄청난 것이었다. 그녀는 인류학에 심리학적인 개념을 적용하는 데 성공했고, 여성과 어린이를 연구하거나 현장연구를 하는 데 뛰어난 기량을 보여 주었다. 그리고 현장연구에서 필름을 포함한 새로운 기술을 사용하는 데도 선구적인 역할을 했다. 그 외에도 그녀는 인류학의 범위를 식습관과 영양, 육아, 국가 문화를 포함하는 새로운 주제 영역으로 확장시켰다. 그리고 그녀는 많은 신진학자들을 현장으로, 뛰어난 연구와 사상으로 이끌었다. 그녀는 인류학의 가장 훌륭한 홍보대사였고, 1300편 이상의 논문, 책, 에세이를 통해 대중에게 다가갔다. 그녀는 자니 카슨과 같은 사람이 진행하는 라디오와 텔레비전의 인기 토크쇼에 출연해서 전문용어를 사용하지 않고서 인류학에 대한 이야기를 생생하게 들려주었다.

미드는 항상 선생님처럼 자상하게 사람들의 생각을 북돋아 주거나 어떤 일을 하는 법(그것이 육아법이든, 유엔을 지속시키는 방법이든, 샐러드를 만드는 방법이든)을 제시해 주었다. 그녀는 특히 젊은이들에게 관심을 기울여서 십대를 위한 책인 『사람과 장소』(1959), 『인류학자들과 그들이 하는 일』(1965)을 썼다.

미드는 그녀의 명성과 대중들의 관심을 불러일으키는 행동, 뛰어난 말솜씨, 간혹 상대방을 황당하게 하는 말들로 인해 일부 동료 인류학자들을 화나게 했다. 어떤 사람들은 그녀가 대중들로 하여금 인류학을 불신하게 만든다고 비난을 퍼붓기조차 했다.

그 누구도 비난 앞에서는 담담할 수 없다

미드는 너무나 젊은 시절부터 유명인사였기 때문에 사람들의 비난에도 담담할 것 같았지만, 의외로 민감해서 쉽게 상처를 받았다. 한번은 그녀가 큰 맘 먹고 자신의 아파트를 개방하고 연례모임에 참석한 인류학자들을 초대한 적이 있었다. 그런데 그녀의 환대를 받은 수백 명의 사람들 중 몇 사람이 그 집의 실내장식을 큰 소리로 비난했고, 그녀는 상처를 받았다. 사람들은 그녀를 감정이 있는 인간이 아니라 너무나 잘 알려진 하나의 조각상으로 여기는 경향이 있었다.

미드 앞에는 보다 심각한 비판이 기다리고 있었다. 1964에 오스트레일리아의 인류학 교수인 데렉 프리만이 미드가 사모아에서 했던 최초 현장연구에 대한 비판을 준비하고 있다는 소식을 듣게 되었다. 이 소식은 그녀를 괴롭혔다. 그때까지 그녀가 이루어 낸 명성의 가장 큰 원천이 현장연구의 엄격함이었기 때문이다.

미드는 말년에 스스로 미리 방어하는 차원에서 현장연구를 하면서 겪었던 커다란 어려움들에 대해 종종 말하기도 했고, 그것을 글로 쓰기도 했다. 그녀가 사모아에 다녀와서 자신을 유명하게 만들었던 책을 썼을 때는 아직 이십대의 젊은 나이였고, 경험도 풍부하지 않았다. 그녀는 사람들이 바로 그런 사실을 기억해 주기를 바랐다. 그녀는 현장에서 어떻게 작업해야 할지를 모두 스스로 해결해

다나 케네디가 텔레비전 쇼 프로그램 〈관점〉을 녹화하는 동안에 미드와 포즈를 취했다. 미드는 강한 주장을 자주 내세웠기 때문에 텔레비전과 라디오로부터 자주 출연 요청을 받고 있었다.

야만 했던 시절에 저질렀을 사소한 실수 한두 가지를 인정했다. 하지만 자신의 연구와 자신의 결론은 끝까지 옹호했다.

다행스럽게도 그녀가 죽기 전까지는 폭풍이 불지 않았다. 1983년에 데렉 프리만은 자신의 비판을 담은 『마가렛 미드와 사모아 : 인류학적 신화의 생성과 파괴』를 출간했다. 그 책에서 프리만은 미드가 사모아 소녀들이 그녀의 질문에 적절히 답하기 위해 거짓으로 꾸며 낸 이야기들을 믿었을 정도로 순진했다는 것을 암시했다. 사모아 소녀들은 미드가 묘사했던 것처럼 성적으로 자유롭고 목가적인 청소년기를 보내지 않았다는 것이 프리만의 주장이었다. 그는 자신의 현장연구를 통해 사모아인들은 경쟁적이며 질투심이 강하고, 사모아 사회의 강간 발생률도 높다는 것을 발견했다. 그는 미드가 제한된 몇 개의 사례를 피상적으로 관찰하고 나서 성급하게 보아스 교수가 했던 주장(인간의 행동을 결정하는 데 생물학적 요소보다는 문화적 요소가 더 중요하다)을 바탕으로 결론으로 끌어내려 했다고 비난했다.

프리만의 책이 출간되기도 전에 그의 주장은 〈뉴욕타임스〉(1983. 1. 31)의 1면 머릿기사를 장식했다. 그 기사의 제목은 "새로 나온 사모아에 관한 책이 마가렛 미드의 결론에 도전하다"였다. 이미 고인이 된 마가렛 미드는 다시 한번 갑작스럽게 대중적 관심의 표적이 되었다. 그리고 그것은 그녀가 살아 있을 때의 관심을 능가하는 것이었다.

이 사건에 대하여 많은 미국인들은 그냥 화를 냈다. 미국에서 가장 유명한 여인이자 가장 잘 알려진 인류학자를 공격하는 이 오스트레일리아 출신의 교수는 도대체 누구란 말인가? 그러나 두려움을 느끼기 시작한 사람들도 있었다. 마가렛 미드가 사모아에 대해 내린 결론이 틀렸다면 그 결론에 기초하여 지난 50년 동안 성에 대하여 많은 '관용'을 베풀어온 미국은 어떻게 해야 한단 말인가? 그리고 그녀의 주장을 바탕으로 발전해온 문화인류학은 어떻게 되는 것인가? 인류학이라 불리는 학문은 어쩌면 결코 과학이 될 수 없고, 다만 일종의 추측 게임에 불과한 것일까?

미드를 옹호하기 위해 힘을 모으는 인류학자들

자신들의 분과에 대한 위협을 감지한 인류학자들은 거의 예외 없이 미드를 방어하는 데 힘을 결집했다. 마가렛 미드는 스스로 자각하지 못한 상태에서 어느새 미래의 일을 내다보고 있었다. "내 세대의 인류학자들은 아직 한 번도 만난 적이 없는 사람들을 포함하여 다른 모든 인류학자들을 혈육으로 간주한다. 그래서 그들 속에서 가까운 가족적 연대에 의해 만들어지는 모든 양면적 가치가 표출될 수도 있다. 하지만 위급한 상황이 닥치면 그들은 서로를 구원할 전적인 의무를 갖는다." 이 글은 미드가 여성 현장연구가들에 관해 쓴 논문에 실려 있다.

미드는 이 글에서 인류학 공동체 내부에서 벌어지는 투쟁의 강도, 다른 사람의 작업에 대한 가혹한 비평들, 작은 공동체 내에서의 감정적인 얽힘들에 대해 논평하려고 했다. 그런데 이 글에서 그녀는 위급한 상황이 도래하면 인류학자들이 자신을 지지할 것임을 내다보고 있었다. 결국 그녀의 예상대로 인류학자들은 전국 방방곡곡에서 열린 토론회, 세미나, 서평, 대중토론회, 편집자에게 보내는 편지를 통해 이 문제를 둘러싸고 논쟁을 벌이던 끝에 대체로 미드에게 유리한 쪽으로 결론을 내렸다.

1954년에 사모아의 타우에서 현장연구를 한 바 있었던 위치타주립대학교의 인류학자인 로웰 홈즈는 인류학자들의 논쟁을 구체적으로 검토한 다음에 미드의 결론이 옳다고 결론내렸다. 즉 1925년에는 뉴욕에서보다 사모아에서 성년이 되는 것이 더 쉬웠을 것이다. 왜냐하면 한 가정에서 불행한 사모아 소녀들은 쉽게 다른 가정으로 옮겨갈 수 있었고, 사모아에서는 어린이와 어른의 삶 사이에 연속성이 있었기 때문이다. 그는 미드를 인류학의 거인이라고 평가하면서, "나는 그녀가 옳았고, 그녀의 접근방법이 객관적이었으며, 관찰에 있어서 그녀의 방법론적 숙련도는 그녀의 나이와 경험을 고려해 볼 때 아주 훌륭한 것이었다고 믿는다"라는 말을 덧붙였다.

『인종에 대한 잡담』(1971)은 미드가 아프리카계 미국인 작가 제임스 볼드윈과 함께 작업한 책으로 실패작으로 평가받는다. 미드와 볼드윈은 모두 세 차례에 걸쳐 일곱 시간 이상을 만나면서 인종과 사회에 대해 토론했다. 그들의 대담은 녹음된 다음 편집을 거쳐 책으로 출간되었는데, 내용이 빈약했다.

제임스 볼드윈
(1861~1934)
미국의 사회심리학자. 사우스캐롤라이나 주 컬럼비아 출생이다. 프린스턴대학교를 졸업한 후, 1884~1885년에 베를린대학교와 라이프치히대학교에서 공부했다. 1889년에 캐나다 토론토대학교의 철학교수를 지냈고, 1893~1903년에 프린스턴대학교의 교수로 재직하면서 심리학연구소를 세웠다. 아동심리의 연구에서 출발하여 인격 형성 과정을 밝혀 미국 사회심리학의 기초를 다졌다. 또한 자기 아들을 대상으로 한 연구를 통하여 인격의 형성에는 투사 시대, 주관적 시대, 방출 시대의 3단계가 있다고 주장했다. 저서로는 『아동과 민족의 정신적 발전』(1896) 『정신발달의 사회 · 윤리적 해석』(1898) 『사고와 사물—발생적 논리학』(3권, 1906~1911) 등이 있다.

미드는 말년에 자신이 할 이야기가 많지 않을 때조차 계속 연설을 하고 책을 펴내야 한다는 강박관념에 사로잡혀 있었던 것 같다. 그녀가 이처럼 칠십대가 되어서도 자신의 작업을 멈출 수 없었던 이유는 대중들로부터 잊혀지고 싶지 않았기 때문이다. 그녀는 자신의 명성을 즐겼고, 자신이 그 만큼의 명성을 누릴 권리가 있다고 생각했기 때문에 대중들로부터 멀어진다는 것을 참을 수 없어했다.

그녀의 자서전인 『검은 딸기의 겨울 : 내 어린 시절』(1972)을 보면 그녀가 자신의 개인적 경험으로부터 생생하고 놀라운 통찰력을 끌어낼 수 있는 작가로 변신했음을 알 수 있다. 그로부터 5년 후에는 그녀의 서간집 『현장에서 온 편지들, 1925~1965』이 출간되었다. 미드는 항상 편지 쓰기를 즐겼는데, 그녀가 쓴 명문장 중 일부는 그 편지들 속에 들어 있다. 그녀의 처녀작 『사모아에서 어른이 되다』와 함께 이 두 책은 가장 오래도록 독자의 사랑을 받고 있는 그녀의 유산이다.

내 사전에 은퇴란 없다

1970년대 중반에 미드는 미국에서 가장 명예로운 과학자들을 회원으로 두고 있는 국립과학아카데미 회원으로 선출되었다. 그리고 이어서 미국과학진흥협회(AAAS)의 회장직을 맡았다.

미드가 3년 만기의 미국과학진흥협회의 회장직을 마치던 해인 1976년에는 그녀의 75번째 생일날인 12월 16일을 기해 보스톤에서 '미드를 기리기 위한 모임' 이 하루 종일 진행되었다. 뱃슨도 이 모임에 참석하기 위해 캘리포니아에서 왔다. 그런데 그가 컨벤션 센터의 복도를 성큼성큼 걷고 있을 때, 그의 귀에는 "그 말썽꾸러기는 어디 있지?" 라는 수군거림이 들려왔다.(그것은 마치 활동적인 여성에게 바쳐지는 서글픈 찬사와도 같았다.)

모임이 진행되는 동안에 동료 과학자들은 미드에게 바치는 헌정사를 읽었고, 많은 사람들이 그녀와 함께 작업했던 일을 회상했다. 뱃슨은 그녀의 "자료에 대한 욕심"에 대해 말했다. 그리고 인류학자 롤라 로마누치-로스는 1965년에 마누스에 미드와 함께 갔던 일을 회상했다. 그녀는 어느 날 아침에 미드에게 그 마을에서는 "아무 일도 일어나지 않고 있다"라고 말한 뒤에 자신이 느껴야 했던 억울함과 후회를 기억해 냈다. 그녀와는 달리 미드에게는 항상 뭔가가 일어나고 있었던 것이다.

한편 〈뉴욕타임스〉에는 "생일 축합니다, 마가렛 미드"라는 내용의 전면 광고가 실렸다. 그 광고는 미드에게 연구실을 제공하고 그녀의 이름으로 연구자금을 지원한 미국 자연사박물관, 15년 동안 그녀의 칼럼을 실었던 잡지 〈레드북〉, 그리고 그녀의 책을 최초로 출간한 윌리암 모로우 출판사 등으로부터 후원을 받아 실린 것이었다. 그녀는 기자들에게 "나는 결국 죽겠지만, 은퇴할 계획은 없다"라고 말했다.

전세계가 슬퍼한 죽음

말년에 미드의 청력은 심각하게 나빠졌는데, 그 때문에 그녀는 가장 큰 기쁨으로 삼았던 다른 사람들과의 대화를 할 수 없었다. 그리고 얼마 후에 그녀는 자신이 중병에 걸렸다는 사실을 알게 되었고, 결국은 췌장암이라는 진단을 받았다. 그녀는 가능한 모든 수단을 동원해서 병에 맞서 싸웠다. 그 과정에서 칠레 출신의 여성 신앙치료사인 카르멘 디바라자의 치료를 받기도 했다.

마가렛 미드는 『세계 연감』이 세계에서 가장 영향력이 큰 25명의 여성 중 한 명으로 자신을 지목하던 날인 1978년 11월 15일에 뉴욕에서 생을 마쳤다. 미드의 죽음이 알려지자 전세계가 그녀의 죽음을 슬퍼했다. 남태평양의 마누스 섬에 있는 페리 마을 사람들도 그녀의 사망소식을 듣고 학교 문까지 닫은 채 스물네 시간 동안 집안에 머물러 있었다. 그리고 닷새 동안에 걸쳐 위대한 추장이 서거했을 때 치르는 추도식을 거행했다. 미국에서는 미국 자연사박물관, 컬럼비아대학교, 워싱턴 D.C.에 있는 국립대성당 및 유엔에서 미드를 추모하기 위한 모임이 열렸다. 그리고 미국 시민으로서는 가장 큰 명예인 대통령이 수여하는 자유 훈장이 고인이 된 그녀의 영전에 바쳐졌다.

1901년 12월 16일	에드워드 셔우드 미드와 에밀리 포그 미드의 맏딸로 필라델피아 웨스트파크 병원에서 태어나다.
1919~1920년	인디아나 주의 그린캐슬에 있는 드포우대학교에 입학하다.
1920~1923년	뉴욕 시에 있는 버나드대학으로 편입하여, 1923년에 심리학으로 학사학위를 받다.
1923년 9월 3일	펜실베이니아 주의 라하스카에서 루터 크레스만과 결혼하다.
1924년	컬럼비아대학교에서 심리학 석사학위를 받다.
1925~1926년	사모아에서 9개월 동안 현장연구를 하다.
1926년	뉴욕 시에 있는 미국 자연사박물관에 민속학 보조 큐레이터로 취직하다.
1928년	윌리엄 모로우 출판사에서 『사모아에서 어른이 되다』를 펴내다.
1928년 7월 25일	멕시코의 헤르모실로에서 루터 크레스만과 이혼하다.
1928년 10월 8일	뉴질랜드의 오클랜드에서 레오 포춘과 결혼하다.
1928~1929년	애드미럴티 제도의 마누스에 위치한 페리 마을에서 현장연구를 하다.
1929년	컬럼비아대학교에서 인류학 박사학위를 받다.
1930년 여름	네브래스카 주에 있는 오마하 인디언 보호구역에서 현장연구를 하다.
1931~1933년	레오 포춘과 함께 뉴기니에서 현장연구를 하다.

1935년	레오 포춘과 이혼하다.
1936년	그레고리 뱃슨과 결혼하다.
1936~1939년	그레고리 뱃슨과 함께 발리와 뉴기니에서 현장연구를 하다.
1939년 12월 8일	딸, 메리 캐서린 뱃슨이 태어나다.
1939~1945년	전쟁관련 임무를 수행하다(국립연구소, 식습관위원회, 원거리 문화연구).
1950년	그레고리 뱃슨과 이혼하다.
1953년	슈왈츠 부부와 함께 마누스로 돌아가다.
1954년	컬럼비아대학교의 인류학 겸임교수가 되다.
1960년	미국 인류학협회 회장이 되다.
1969년	손녀딸 세반 마가렛 카사르지안이 태어나다.
1972년	『검은 딸기의 겨울 : 나의 어린 시절』이 출간되다.
1975년	미국 과학진흥협회 회장이 되다. 국립아카데미 회원으로 선출되다.
1978년 11월 15일	향년 77세에 뉴욕에서 췌장암으로 세상을 뜨다.

인류학의 어머니, 미드

지은이 | 조앤 마크
옮긴이 | 강윤재
초판 1쇄 발행 2003년 11월 29일
초판 2쇄 발행 2007년 2월 16일

펴낸곳 | 바다출판사
펴낸이 | 김인호
주소 | 서울시 마포구 서교동 403-21 서홍빌딩 4층
전화 | 322-3885(편집부), 322-3575(마케팅부)
팩스 | 322-3858
E-mail | badabooks@dreamwiz.com
출판등록일 | 1996년 5월 8일
등록번호 | 제10-1288호

ISBN 978-89-5561-209-7 03400
ISBN 978-89-5561-062-8(세트)

Fig. 56
Fig. 59
Fig. 57
Fig

Fig.103
Fig.
Fig.111
Fig.118
Fig.
pq-r7